KB189387

Discovery EDUCATION

맛있는 과학

디스커버리 에듀케이션
맛있는 과학-13 원자력과 핵

1판 1쇄 발행 | 2012. 1. 27.
1판 4쇄 발행 | 2018. 3. 11.

발행처 김영사
발행인 고세규
등록번호 제 406-2003-036호
등록일자 1979. 5. 17.
주 소 경기도 파주시 문발로 197(우10881)
전 화 마케팅부 031-955-3102 편집부 031-955-3113~20
팩 스 031-955-3111

값은 표지에 있습니다.
ISBN 978-89-349-5447-7 64400
ISBN 978-89-349-5254-1 (세트)

좋은 독자가 좋은 책을 만듭니다. 김영사는 독자 여러분의 의견에 항상 귀 기울이고 있습니다.
독자의견전화 031-955-3139 | 전자우편 book@gimmyoung.com | 홈페이지 www.gimmyoungjr.com
어린이들의 책놀이터 cafe.naver.com/gimmyoungjr | 드림365 cafe.naver.com/dreem365

어린이제품 안전특별법에 의한 표시사항
제품명 도서 **제조년월일** 2017년 9월 22일 **제조사명** 김영사 **주소** 10881 경기도 파주시 문발로 197
전화번호 031-955-3100 **제조국명** 대한민국 **⚠주의** 책 모서리에 찍히거나 책장에 베이지 않게 조심하세요.

13 | 원자력과 핵

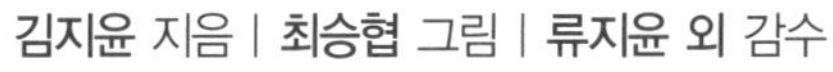

주니어김영사

1. 물질의 정체

물질이란 무엇일까요? 8

플로지스톤과 연금술 13

TIP 요건 몰랐지? 불에 타면 물질의 질량은 왜 변할까요? 17

입자가 모여 물질이 되어요 18

TIP 요건 몰랐지? 라부아지에의 33종 원소 24

TIP 요건 몰랐지? 사람도 입자가 남나요? 25

Q&A 꼭 알고 넘어가자! 26

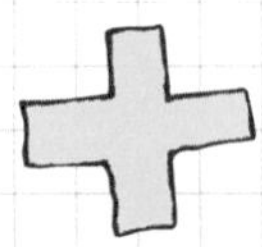

2. 복잡하고 다양한 원소의 세계

원소를 나타내는 기호들 30

TIP 요건 몰랐지? 원소기호 표시법 33

주기율표로 원소를 정리해요 34

원소는 어떻게 구별할까요? 38

TIP 요건 몰랐지? 스펙트럼 40

여러 가지 원소들 41

TIP 요건 몰랐지? 연필심과 다이아몬드는 친한 친구 43

Q&A 꼭 알고 넘어가자! 44

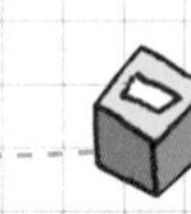

3. 원소, 원자, 분자 그리고 법칙

원소, 원자, 분자의 관계 48

물질을 이루는 법칙 53

돌턴의 원자설 58

Q&A 꼭 알고 넘어가자! 62

4. 원자보다 작은 세계

톰슨의 전자 발견 66

러더퍼드의 원자핵 발견 68

보어의 원자모형 71

현대의 원자모형 73

Q&A 꼭 알고 넘어가자! 76

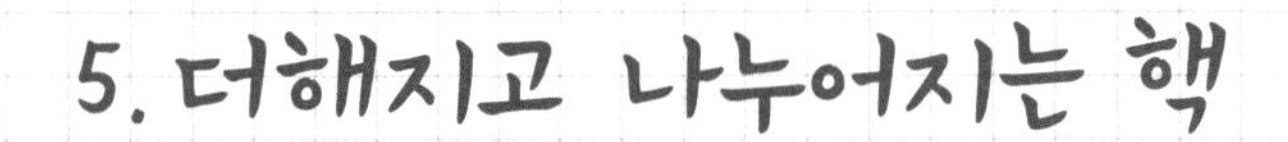

5. 더해지고 나누어지는 핵

핵분열이 무엇인가요? 80

원자력발전소와 원자폭탄 84

TIP 요건 몰랐지? 원자폭탄은 언제 사용되었을까요? 90

핵을 더해 주는 핵융합 91

핵분열과 핵융합의 차이 95

TIP 요건 몰랐지? 토카막 97

Q&A 꼭 알고 넘어가자! 98

관련 교과

초등 3학년 1학기 1. 우리 생활과 물질
중학교 2학년 2. 물질의 구성
중학교 3학년 3. 물질의 구성, 5. 물질 변화에서의 규칙성

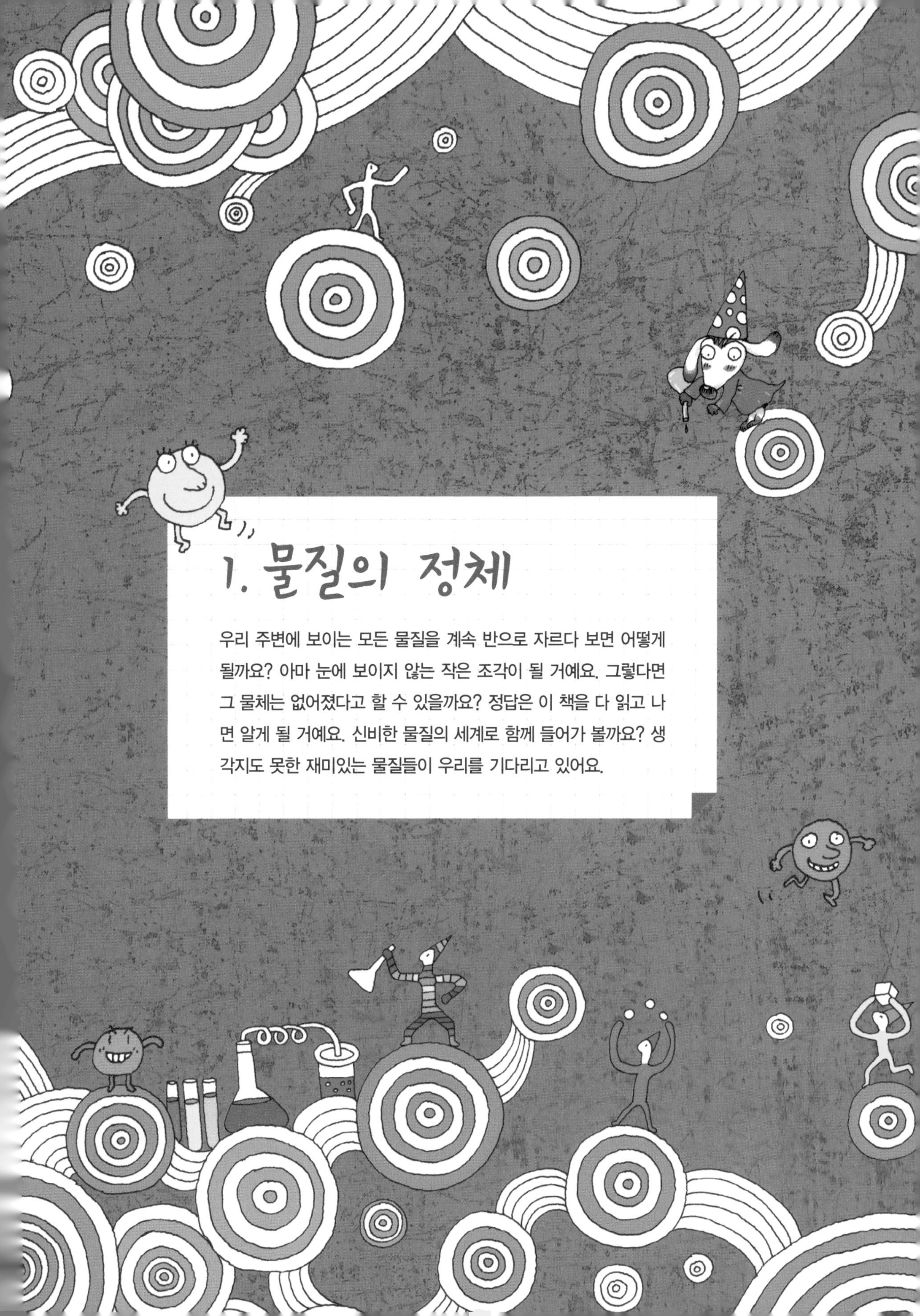

1. 물질의 정체

우리 주변에 보이는 모든 물질을 계속 반으로 자르다 보면 어떻게 될까요? 아마 눈에 보이지 않는 작은 조각이 될 거예요. 그렇다면 그 물체는 없어졌다고 할 수 있을까요? 정답은 이 책을 다 읽고 나면 알게 될 거예요. 신비한 물질의 세계로 함께 들어가 볼까요? 생각지도 못한 재미있는 물질들이 우리를 기다리고 있어요.

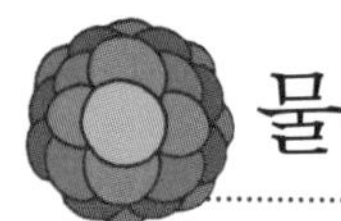

물질이란 무엇일까요?

물질이란 무엇일까요? 많이 들어 본 단어이지만 무슨 뜻인지 설명해 보라고 하면 머뭇거리게 되지요. 글자가 비슷해서 물체나 물건과 비슷한 뜻의 단어인 것 같지만 사실은 다른 말입니다.

우리 주변에는 다양한 종류의 물건이 있습니다. 지금 보고 있는 책, 우리가 공부하는 책상, 맛있는 음식들……. 이 물건들은 무엇으로 이루어져 있을까요? 이 물건들을 이루는 재료가 바로 물질입니다.

샤프를 예로 들어 볼까요? 샤프는 우리가 물체라고 부르는 대상 가운데 하나입니다. 우리가 거의 매일 사용하는 물체이지요. 그런데 샤프는 무엇으로 만들어졌을까요? 가볍고 단단한 플라스틱이라는 재료로 만들어졌어요. 플라스틱이 바로 샤프의 물질이지요. 그러면 미끄럼틀을 만든 물질은 무엇일까요? 미끄럼틀은 우리가 타는 물체이기 때문에 우리의 무게를 견딜 만큼 튼튼해야 해요. 그래서 단단한 철을 이용해 만들지요. 철이 미끄럼틀의 물질이에요.

이렇게 샤프는 플라스틱으로, 미끄럼틀은 철로 이루어져 있듯이 모든 물체는 특정한 물질로 이루어져 있어요.

그런데 우리가 지금 물체와 물질에 대해서 궁금해하는 것처럼 옛날에도 사람들은 여러 가지 물체에 대해서 궁금해하고, 그 물체를 이루는 물질이 무엇인지 알려고 했어요. 옛날 사람들은 물질이 무엇이라고 생각했을까요?

먼저, 고대 사람들의 생각부터 알아볼까요?

처음 물질에 대해 고민하고 발표한 사람은 탈레스라는 철학자였습니다. 탈레스는 모든 물질이 물로 이루어졌다고 주장했어요. 탈레스는 식물을 빻으면 즙이 나오고, 과일에서도 과즙이 나오며, 사람 몸에서도 피가 흐르므로 모든 물질은 물로 이루어졌다고 생각했지요.

하지만 더 깊게 생각해 보면 이 생각이 틀렸다는 사실을 알 수 있습니다. 주위에 있는 철로 만들어진 물건을 들고 힘껏 짜 보세요. 물이 나오나요? 아무리 세게 힘주어 짠다고 해도 물이 나올 리가 없지요. 모든 물질이 물로 이루어졌다는 탈레스의 생각은 틀린 주장이었어요.

엠페도클레스는 모든 물질이 물, 불, 흙, 공기로 이루어졌다고 주장했다.

그러자 엠페도클레스라는 철학자가 새로운 주장을 내놓았어요. 탈레스의 의견에서 조금 더 시야를 넓혀 모든 물질은 물, 불, 흙, 공기, 이 네 가지로 이루어졌다고 주장했어요.

아리스토텔레스는 물질이 변화할 수 있다고 주장했다.

하지만 이 주장도 오랫동안 지지를 받지는 못했어요. 과일을 불로 태우면 어떻게 될까요? 과일에는 원래 수분이 많지만 불로 태우고 나면 재만 남게 되지요. 이를 보면 엠페도클레스의 주장도 틀렸다는 사실을 알 수 있습니다.

이후 아리스토텔레스는 엠페도클레스의 의견에 자신의 생각 하나를 추가했어요. 모든 물질은 물, 불, 흙, 공기로 이루어져 있지만 이 네 가지 안에서 서로 다른 물질로 변화할 수 있다고 생각했지요. 따뜻함, 차가움, 건조함, 습함을 물질에 가해 주면 서로 변화할 수 있다고 생각한 거예요. 아리스토텔레스의 이러한 주장을 원소 변환설이라고 합니다.

아리스토텔레스의 원소 변환설로는 과일이 불에 타면 물이 남지 않고 재가 된다는 사실도 설명할 수 있어요. 아리스토텔레스의 주장이 사실이라면 과일에 따뜻함을 가해서 물이 흙으로 변한 것이지요. 아리스토텔레스의 말이 사실인지 아닌지는 천천히 알아볼 거예요.

그런데 물질에 대한 고민을 서양 사람들만 했을까요? 동양 사람들은 물질을 이루는 재료가 무엇이라고 생각했을까요?

동양 사람들은 기원전 4세기경에 오행설을 주장했어요. 오행설이란 모든 물질이 물, 불, 나무, 쇠, 흙, 이 다섯 가지로 이루어졌다는 생각이에요. 오행 사이에는 서로 돕는 성질과 다른 물질을 이기는 성질이 있어서 이러한 성질에 따라 물질이 서로 변화한다고 생각했어요.

플로지스톤과 연금술

이제 중세 사람들은 물질이 무엇이라고 생각했는지 알아볼까요?

중세에는 고대 사람들의 주장을 바탕으로 한 새로운 주장들이 나왔습니다. 우선 슈탈이라는 과학자는 플로지스톤설을 주장했어요. 플로지스톤은 그리스어로 불꽃이라는 뜻이에요. 슈탈은 모든 물질은 플로지스톤을 가지고 있으며, 특히 숯이나 기름 같은 불에 잘 타는 성질이 있는 물질이 플로지스톤을 많이 가지고 있다고 생각했어요. 그래서 물질을 태우면 플로지스톤은 원래 물질에서 빠져나가고, 재가 남는다고 생각했지요. 또한 물체를 모두 태우고 나면 물체의 무게가 감소한다고 생각했습니다.

그런데 슈탈의 주장은 맞는 생각일까요? 그렇지 않습니다. 모든 물체가 태우고 난 뒤 무게가 감소하는 것은 아니에요. 종이나 숯은 태우고 나면 무게가 감소하지만, 강철솜 같은 금속은 태우면 오히려 무게가 증가합니다. 금속을 태우면 공기 중의 산소가 금속에 달라붙어서 오히려 무게가 증가하지요. 하

게오르크 슈탈
Georg Stahl, 1660~1734

독일의 의학자이자 화학자로서 플로지스톤설의 기반을 마련한 것으로 유명해요. 영혼이 인간의 생명 기능을 지배한다고 주장했으며, 연소설을 주장했어요. 슈탈이 쓴 책으로는 《의학 진정설》이 있습니다.

플로지스톤

17세기 말에서 18세기 초에 연소를 설명하기 위해 독일의 베허와 슈탈 등이 제안한 물질이에요. 슈탈은 불에 잘 타는 성질이 있는 물질과 금속에 플로지스톤이라는 성분이 포함되었다고 주장했어요. 현재는 부정되고 있습니다.

플로지스톤이
나가고 있어!
플로지스톤이
빠져나가서
가벼워진 걸 거야.
종이
재
슈탈 아저씨
그 게 아닌데….

지만 슈탈은 플로지스톤설을 주장할 당시에 이런 현상을 설명하지 못했습니다.

중세에는 연금술이 발달했습니다. 연금술이란 금을 만드는 방법을 말해요. 고대에 아리스토텔레스가 주장한 원소 변환설을 기억하나요? 물질은 물, 불, 흙, 공기 이렇게 네 가지로 이루어져 있는데, 이 물질들은 온도와 습도에 따라 서로 변화할 수 있다는 주장이었지요. 이 주장은 모든 물질은 서로 변하여 다른 물질이 될 수 있다는 뜻으로 풀이할 수 있어요. 물질이 변할 수 있다는 생각은 값싼 금속을 비싼 금으로 바꿀 수 있다는

연금술

고대 이집트에서 시작되어 아라비아를 거쳐 중세 유럽에 전해진 원시적인 화학 기술이에요. 구리, 납, 주석 같은 값싼 금속으로 금, 은 같은 귀금속을 만들고, 더 나아가서는 늙지 않는 약을 만들려고 했던 기술이지요. 연금술에 대한 노력은 1,000년 이상 계속되었습니다.

연금술사들은 원소 변환설을 바탕으로 값싼 금속을 금으로 만드는 데에 매달렸다.

연금술은 실패했지만 연금술의 영향으로 실험 기구를 포함한 과학 실험 분야가 눈부시게 발전했다.

생각에 이르게 되었어요. 그러자 금속을 금으로 바꾸려고 매달리는 사람들이 생겨났지요. 이런 사람을 연금술사라고 불렀어요. 하지만 값싼 금속을 금으로 만들 수 있다는 생각은 헛된 꿈이었어요. 물질을 이루는 기본이 물, 불, 흙, 공기라는 연금술의 바탕이 되는 생각이 틀렸기 때문이지요. 결국 다른 금속으로 금을 만들어 낼 수 없었고 연금술은 실패하고 말았습니다.

하지만 연금술사 덕분에 과학 실험 분야는 눈부시게 발전했습니다. 값싼 금속을 금으로 바꾸기 위해 여러 가지 실험을 했고, 실험을 더 효율적으로 하기 위해 다양한 기구들을 발명하게 되었지요. 요즘 흔히 사용하는 시험관, 비커 등의 기구들은 그때 발명된 거예요. 연금술사들은 비록 금을 만드는 데에는 실패했지만 우리에게 많은 성과를 남겨 주었지요.

불에 타면 물질의 질량은 왜 변할까요?

양초는 타고 나면 질량이 줄어든다.

연소란 물질이 열과 빛을 내면서 산소와 결합해 타는 현상입니다. 무언가가 불에 타는 현상이 바로 연소이지요. 연소 반응이 일어날 때는 산소와 물질이 반응하고 있다는 뜻입니다.

어떤 물질은 연소하고 난 뒤에 오히려 무게가 증가합니다. 산소가 타는 물질에 달라붙기 때문입니다. 대표적인 예로 강철 솜이 있지요.

또 반대로 어떤 물질은 연소하고 난 뒤에 질량이 감소합니다. 그 이유는 무엇일까요?

양초는 타면서 양초 속 탄소라는 원소와 산소가 반응을 합니다. 탄소와 산소가 더해지면 이산화탄소가 생기지요. 이산화탄소는 우리가 숨 쉴 때 밖으로 내뿜는 날숨에 섞여 나오는 기체를 말합니다. 이산화탄소는 기체이기 때문에 만들어지면 공기 중으로 날아가게 됩니다. 그렇게 되면 원래의 물체에서 떨어져 나가게 되지요. 그래서 연소 반응 후에 양초의 질량을 재면 연소하기 전보다 질량이 줄어들어 있지요.

중세에 슈탈은 이렇게 산소가 물질과 결합해 발생하는 물질을 플로지스톤으로 설명했습니다.

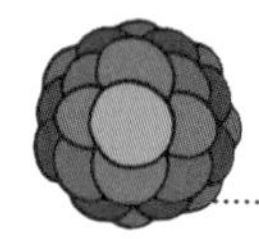

입자가 모여 물질이 되어요

지금까지 옛날 사람들은 물질이 어떤 재료로 이루어져 있다고 생각했는지 알아보았어요. 이제 물질이 어떻게 이루어져 있는지 알아볼까요?

물질은 완전한 하나의 덩어리일까요, 아니면 작은 입자들이 모여 하나의 덩어리가 되었을까요? 이 의문에 대해 아리스토텔레스와 데모크리토스는 각각 다른 주장을 했습니다.

원소 변환설을 주장했던 아리스토텔레스는 물질이 한 덩어리로 이루어졌다고 주장했어요. 쇳덩어리가 있다면 덩어리의 안은 남는 공간이 없이 쇠로 가득 차 있다고 생각했지요. 그래서 만약 물건을 계속 자르고 자르면 결국에는 아무것도 없는 상태가 된다고 주장했습니다. 이러한 아리스토텔레스의 주장을 연속설이라고 해요.

데모크리토스
Démokritos

데모크리토스는 고대 그리스의 철학자로서 그리스 북부 지방의 부유한 시민의 아들로 태어났다고 전해져요. 그는 고대 원자론을 완성했어요. 세계는 원자와 텅 빈 공간으로 이루어졌다고 생각했습니다. 그리고 "원자가 합쳐지기도 하고 떨어지기도 하면서 자연의 모든 변화가 일어난다."라고 했지요. 데모크리토스의 원자론은 훗날 유물론의 출발점이 됩니다.

데모크리토스는 아리스토텔레스와는 반대되는 주장을 했어요. 물질은 작은 입자가 모여 이루어진다고 생각했지요. 물건을 계속 자르고 자르면 결국에는 쪼개지지 않는 입자가 나온다고 생각한 거예요. 이 입자들이 물질을 이루는 기본 요소라고 여겼답니다. 예를 들어, 과자를 쪼개고 또 쪼갠 뒤에 막대로 빻았다고 생각해 보세요. 거기서 알갱이 하나만 꺼내 쪼개고 또 쪼개면 우리 눈에 보이지 않게 되겠지요. 데모크리토스는 이때 알갱이가 보이지 않는다고 해도 과자가 사라진 것이 아니라 알갱이가 너무 작은 입자가 되었기 때문에 눈에 보이지 않을 뿐이라고 생각했어요. 모든 물질은 우리가 볼 수 없을 정도로 아주 작은 입자들이 모여서 만들어졌다는 뜻이지요.

또 다른 예를 들어 볼까요? 1만 원짜리 한 장은 1,000원짜리 열 장으로 바꿀 수 있지요. 1,000원짜리는 500원짜리 두 개로, 500원짜리는 100원짜

■ 아리스토텔레스의 연속설

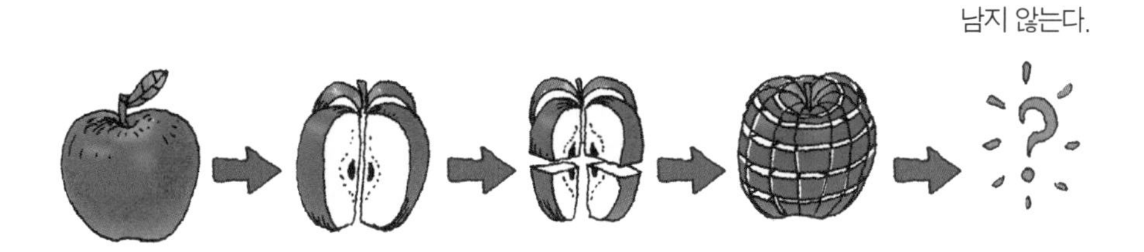

■ 데모크리토스의 입자설

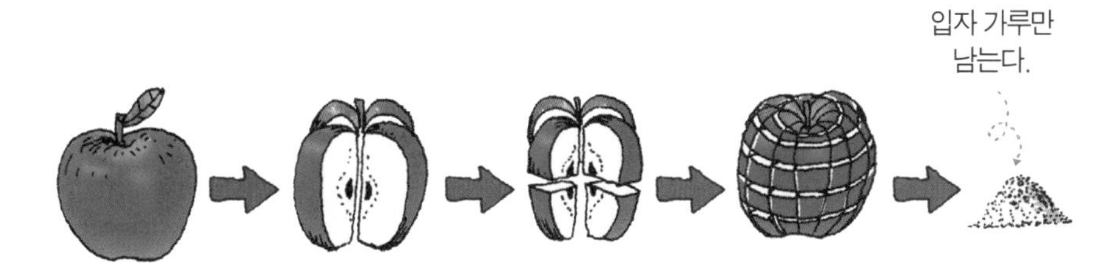

리 다섯 개로, 100원짜리는 50원짜리 두 개로, 50원짜리는 10원짜리 다섯 개로 바꿀 수 있어요. 10원짜리는 5원짜리 두 개로, 5원짜리는 1원짜리 다섯 개로 바꿀 수 있습니다. 1원은 우리가 쓰는 현금 중에서 가장 작은 단위예요. 데모크리토스는 1원짜리처럼 더 쪼개지지 않는 상태의 입자가 모든 물질에 있다고 주장했어요. 이런 데모크리토스의 주장을 입자설이라고 합니다.

그렇다면 아리스토텔레스의 연속설과 데모크리토스의 입자설 중 어느 쪽이 맞는 주장일까요? 데모크리토스의 입자설이 맞습니다.

고대에는 데모크리토스의 주장을 믿지 않는 과학자들도 있었어요. 데모

크리토스는 조금 억울했겠지요? 하지만 다행히 후대에 보일이라는 과학자가 J 자 관 실험을 통해서 데모크리토스의 주장이 옳다는 사실을 밝혀냈어요. J 자 관에 수은으로 공기를 가두고 수은을 위에서 더 부어서 힘을 가하도록 했을 때 공기 쪽의 부피가 줄어든다는 사실을 발견했지요. 그런데 이 실험 결과가 어떻게 입자설을 뒷받할 수 있을까요?

만약 아리스토텔레스의 주장대로 공기가 입자가

로버트 보일
Robert Boyle, 1627~1691

영국의 화학자이자 물리학자예요. 실험을 통한 연구 방법을 화학 분야에 도입했고, 입자설을 입증했어요. 낡은 연금술에 반대하고, 실용 화학에서 벗어나 화학을 과학의 한 분야로 만들기 위해 노력했어요. 그러한 노력은 근대 화학의 기초를 세우게 되었습니다.

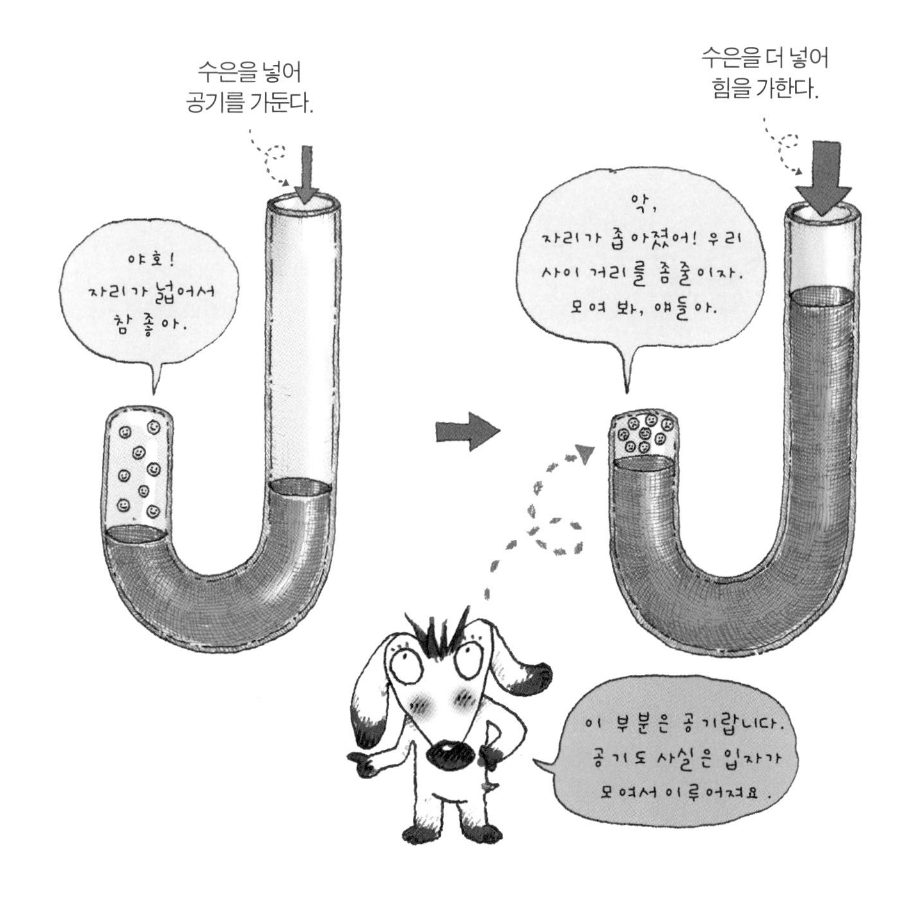

입자설을 입증한 로버트 보일.

모여서 이루어지지 않고 공기라는 한 덩어리로 이루어진 물질이라면 공기는 공간이 없이 꽉 차 있는 형태여야 합니다. 그러면 힘을 가한다고 해도 부피가 줄어들면 안 되겠지요. 그렇지만 힘을 더 가하자 공기의 부피는 줄어들었습니다. 보일은 이 실험 결과를 통해 공기는 입자로 이루어져 있으며, 그 입자 사이에는 공간이 있어서 힘을 가하면 공간 사이가 좁아져서 부피가 줄어든다고 발표했습니다.

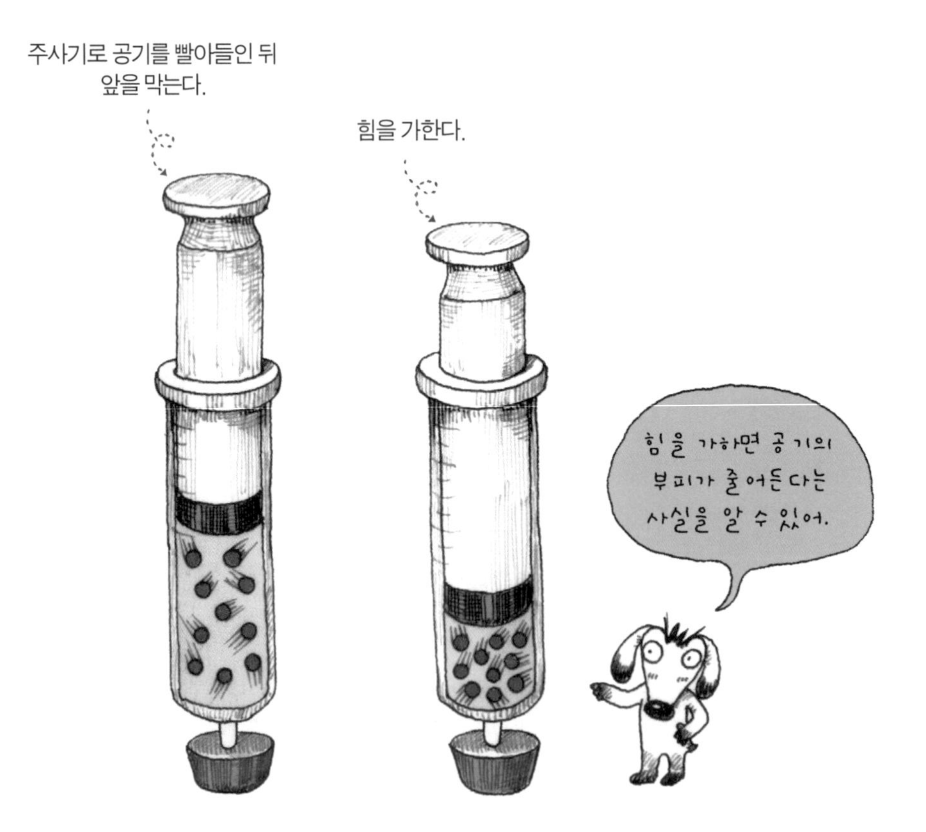

주사기로 공기를 빨아들인 뒤 앞을 막고 누르면 피스톤이 안으로 밀려 들어가는 모습을 볼 수 있어요. 이 모습을 통해 힘을 가하면 공기의 부피가 줄어든다는 사실을 알 수 있지요. 이러한 주사기 실험도 입자설을 뒷받침할 수 있습니다.

라부아지에라는 과학자는 아리스토텔레스의 원소 변환설이 잘못되었다는 사실을 밝혀냈습니다. 아리스토텔레스는 물, 불, 흙, 공기가 물질을 이루는 근원이고 서로 변화할 수 있다고 주장했는데, 라부아지에가 물을 분해하는 실험에 성공한 것이지요. 라부아지에는 주물로 만든 뜨거운 관에 물을 천천히 붓는 실험을 했어요. 이 실험에서 산소는 물에서 분해되어 주물로 된 관과 결합했고, 나머지 성분에서는 수소를 얻을 수 있었어요. 라부아지에는 이를 통해 물이 물질의 근원이라는 아리스토텔레스의 주장을 뒤집어 버렸습니다. 물이 물질의 근원이라면 산소와 수소 기체로 나뉠 수 없었겠지요. 이 실험에 성공한 뒤에 라부아지에는 물질의 근원을 원소로 정의하고, 33종의 원소를 발표했습니다.

앙투안 라부아지에
Antoine Lavoisier, 1743~1794

프랑스의 화학자로서 근대 화학의 아버지라고 불립니다. 뛰어난 실험가였으며, 화학 이외의 다른 방면에서도 뛰어난 능력을 발휘했어요. 연소에 대한 새로운 이론을 주장하여 플로지스톤설이 잘못된 학설임을 밝혀냈습니다. 이를 계기로 화학이 크게 발전했지요. 새로운 화학 이론을 발표하기 위해 낡은 화학 용어를 버리고 새로운 화학 명명법을 만들었습니다.

라부아지에의 33종 원소

라부아지에는 근대 화학의 아버지라 불리는 인물입니다. 산소를 발견하여 유명해졌지요. 그는 33종의 원소를 발표했습니다. 33종의 원소가 무엇인지 살펴볼까요?

■ 라부아지에의 33종 원소

1그룹	산소, 수소, 질소, 빛, 열
2그룹	황, 인, 탄소, 염소, 플루오르, 붕산
3그룹	안티모니, 비소, 비스무트, 코발트, 은, 구리, 주석, 아연, 철, 망가니즈, 몰리브데넘, 수은, 니켈, 금, 백금, 납, 텅스텐
4그룹	산화칼슘, 산화바륨, 산화마그네슘, 산화알루미늄, 이산화규소

라부아지에는 위의 표와 같이 33종의 원소를 네 개 그룹으로 나누어 발표했습니다. 자신이 생각한 기준대로 그룹을 나누었지요. 하지만 훗날 33종 중 원소가 아니라고 밝혀진 것도 굉장히 많이 있습니다. 우선 4그룹은 모두 원소가 아닙니다. 이미 산소와 반응해 산소가 들어 있는 상태이기 때문이지요. 또한 1그룹의 빛과 열은 원소가 아니라 에너지의 형태입니다.

라부아지에는 이 도표를 만든 후 원소에 대해 '화학 분석이 도달한 현실적 한계'라고 정의했습니다.

사람도 입자가 남나요?

사람은 무엇으로 이루어져 있을까요? 사람도 눈에 보이지 않는 작은 입자로 이루어져 있어요. 우선 세포로 이루어져 있어요. 위나 심장 같은 장기와 살도 모두 세포들이 모여서 이루어진 거예요. 그리고 세포는 그보다 더 작은 원자들이 모여서 만들어집니다.

그렇다면 세포는 몇 개의 입자가 모여서 이루어질까요? 100조 개의 원자가 모이면 한 개의 세포가 됩니다. 상상하기조차 어려운 숫자이지요? 한 개의 세포를 만드는 데 100조 개의 원자가 필요하다면, 우리 몸은 몇 개의 원자로 이루어져 있을까요? 사람의 몸은 60조 개 정도의 세포로 이루어져 있습니다. 그러면 우리 몸은 6,000조 개의 원자로 되어 있는 셈이지요. 우리는 알지 못하지만 엄청난 개수의 입자가 우리 몸을 구성하고 있는 거예요.

사람의 몸은 머리, 팔, 몸통, 다리로 단순하게 나뉘어 있는 듯하지만 사실은 이렇게 복잡하고 섬세하게 만들어져 있습니다.

문제 1 모든 물체는 물질로 이루어져 있어요. 서양의 고대 과학자들은 물질이 무엇으로 이루어져 있다고 생각했나요?

문제 2 중세에 슈탈이라는 과학자는 물질에 대해 플로지스톤설을 주장했어요. 플로지스톤설이 무엇인지 설명해 보세요.

3. 아리스토텔레스의 원소 변환설 때문이에요. 모든 물질은 '물, 불, 흙, 공기'로 이루어져 있고, 이 네 가지가 서로 다른 물질로 변화할 수 있다는 원소 변환설을 믿어 값싼 금속을 금으로 바꿀 수 있다고 생각했어요. 이 주장 자체가 틀렸기 때문에 당연히 연금술도 실패했어요.

4. 아리스토텔레스는 물질이 한 덩어리로 이루어진다고 주장했어요. 쇳덩어리가 있다면 덩어리 안에는 공간이 없이 쇠로 가득 차 있다고 생각했지요. 이 주장이 연속설이에요. 데모크리토스는 물건을 계속 자르고 자르면 결국 쪼개지지 않는 입자가 나온다고 생각했어요. 이 입자들이 물질을 이루는 기본 요소라고 하는 주장이 입자설이에요. 두 주장 중 옳은 것은 입자설입니다.

문제 3 중세의 연금술사들은 왜 값싼 금속으로 금을 만들 수 있다고 생각했나요? 연금술을 한 결과는 어땠나요?

문제 4 물질에 대해 아리스토텔레스는 연속설을, 데모크리토스는 입자설을 주장했어요. 두 주장에 대해 설명해 보세요.

정답

1. 탈레스는 물질이 물로 이루어져 있다고 생각했고, 엠페도클레스는 물, 불, 흙, 공기로 이루어져 있다고 주장했어요. 하지만 이 주장들은 오랫동안 지지를 받지는 못했어요. 그다음 아리스토텔레스가 한 가지 의견을 추가했어요. 물질이 네 가지로 이루어진 것은 맞지만 네 가지 안에서 서로 다른 물질은 변화할 수 있다고 주장했지요.

2. 플로지스톤은 그리스어로 '불꽃'이라는 뜻이에요. 슈탈은 모든 물질은 플로지스톤을 가지고 있으며, 불에 잘 타는 성질이 있는 물질은 플로지스톤을 많이 가지고 있다고 생각했어요. 그래서 물질을 태우면 플로지스톤이 빠져나가서 무게가 줄어들고, 재가 남는다고 생각했지요.

관련 교과

중학교 2학년 2. 물질의 구성

중학교 3학년 3. 물질의 구성, 5. 물질 변화에서의 규칙성

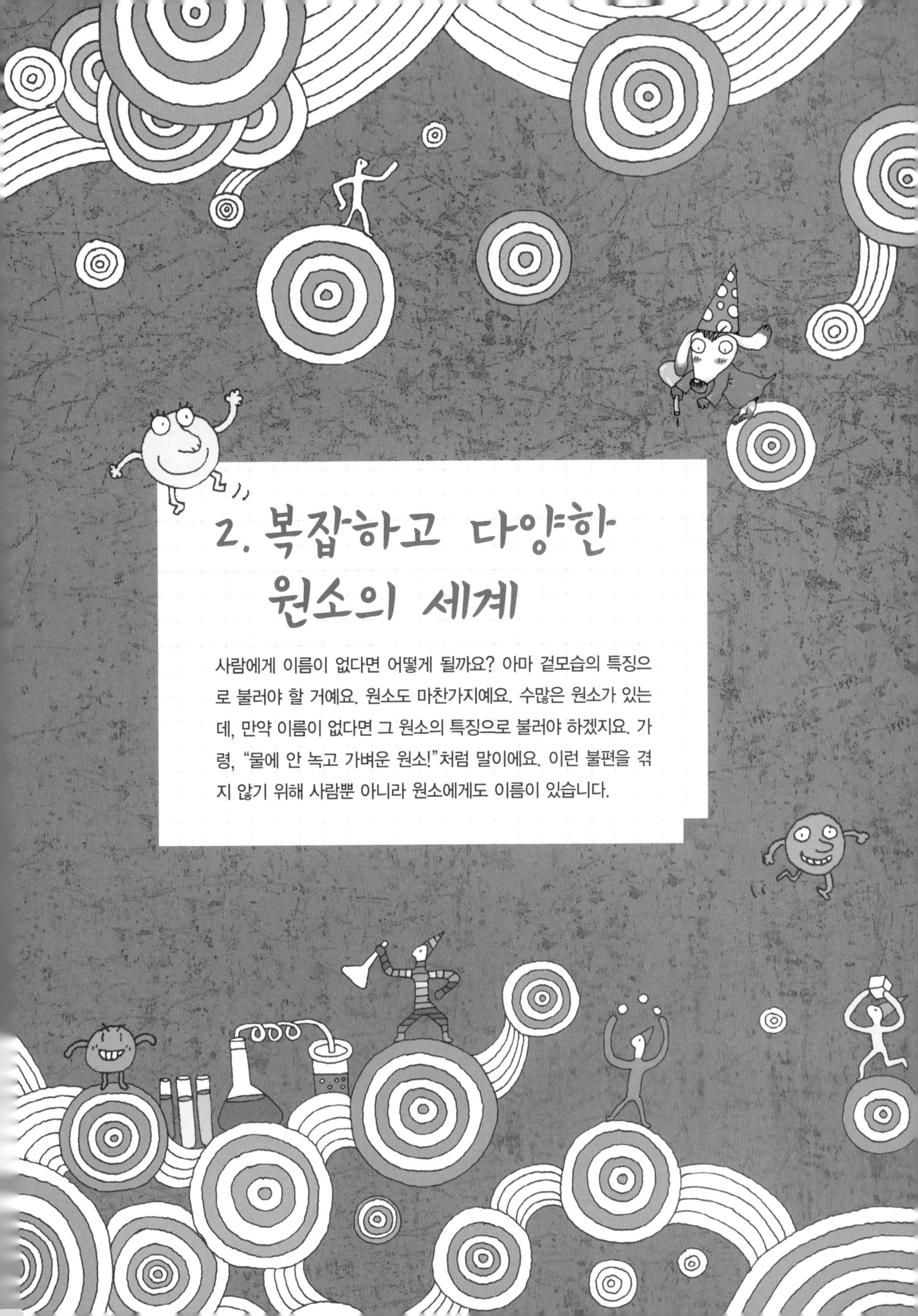

2. 복잡하고 다양한 원소의 세계

사람에게 이름이 없다면 어떻게 될까요? 아마 겉모습의 특징으로 불러야 할 거예요. 원소도 마찬가지예요. 수많은 원소가 있는데, 만약 이름이 없다면 그 원소의 특징으로 불러야 하겠지요. 가령, "물에 안 녹고 가벼운 원소!"처럼 말이에요. 이런 불편을 겪지 않기 위해 사람뿐 아니라 원소에게도 이름이 있습니다.

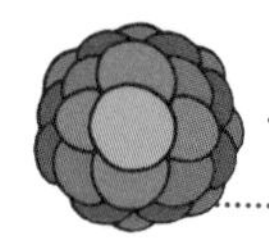

원소를 나타내는 기호들

원소는 물질을 이루는 기본 성분입니다. 지금까지 밝혀진 원소는 모두 118개예요. 산소, 질소, 수소, 철, 나트륨 등이 바로 원소이지요. 그런데 만약 일정하게 정해진 이름이 없고 특징으로 원소를 말하려고 한다면 너무 복잡할 거예요. 그래서 원소기호가 발명되었습니다.

연금술사들이 금을 만들려고 했을 때도 그들만의 원소기호를 썼습니다. 그때는 기하학적인 무늬로 원소기호를 나타냈지요. 하지만 기호 무늬를 그리는 데 너무 많은 시간이 걸리고 불편하기 때문에 현재는 이용하지 않아

■ 연금술사들의 원소기호

요. 대신 영어 알파벳을 사용해서 나타내지요. 한두 개의 알파벳을 조합해 원소 이름으로 표현합니다.

몇 가지 예를 들어 살펴볼까요? 우선 수소는 영어 이름이 하이드로젠(hydrogen)입니다. 여기서 맨 앞 글자인 H를 따서, 수소의 원소기호는 H가 되었지요. 또 산소도 영어 이름 옥시젠(oxygen)의 맨 앞 글자를 따서 O라는 원소기호를 사용합니다. 구리는 영어로 코퍼(copper)인데, 원소기호는 Cu로 나타낸답니다. 구리의 라틴어 쿠프럼(cuprum)에서 두 글자를 따온 거예요.

하지만 이상한 일이지요. 수소와 산소는 알파벳의 첫 글자만 따서 이용하는데 구리는 앞의 두 글자로 나타내잖아요. 원소의 수는 118개나 되는데

알파벳은 26개밖에 되지 않으니까 한 글자만 따서는 모든 원소를 표시할 수 없어요. 그래서 어떤 원소들은 한 글자로, 어떤 원소들은 두 글자로 나타냅니다.

그런데 한 글자짜리 원소기호와 두 글자짜리 원소기호를 함께 사용하자, 헷갈려하는 사람들이 생겼어요. CU라고 표기했을 때, C와 U, 두 개의 원소를 나타내는지, CU라는 원소 하나를 나타내는지 확실히 알 수 없었기 때문이지요. 이 문제를 해결하기 위해 사람들은 약속을 했습니다. 한 글자일 때는 대문자로 표기하고 두 글자일 때는 앞의 글자는 대문자로, 뒤의 글자는 소문자로 표기하기로 하였지요. 그래서 구리의 원소기호는 CU가 아니라 Cu가 되었습니다.

원소기호 표시법

원소기호는 원소의 영어 이름 맨 앞 글자를 따서 알파벳으로 표기해요. 원소기호를 보면 다른 정보도 알 수 있습니다.

위의 기호는 헬륨의 원소기호예요. 그런데 알파벳으로 나타낸 원소기호 앞에 숫자 두 개가 있지요?

위의 숫자는 원자핵을 구성하는 양성자와 중성자의 개수의 합인 질량수이고, 아래의 숫자는 양성자 수 또는 전자 수라고 할 수 있는 원자번호를 나타냅니다.

난데없이 등장한 양성자와 전자는 무슨 말일까요? 우리는 앞에서 물질을 구성하는 가장 작은 입자를 원자라고 배웠지만, 원자는 다시 양성자와 중성자로 이루어진 원자핵과 그 주위를 돌고 있는 전자들로 이루어져 있어요. 이 사실은 현대에 와서 밝혀진 사실입니다.

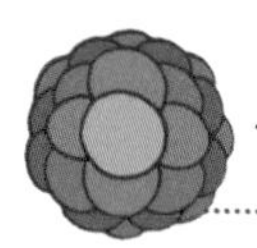

주기율표로 원소를 정리해요

지금까지 발견된 원소는 118개예요. 하지만 앞으로 더 많은 원소가 밝혀질 수도 있지요. 사람들은 이렇게 많은 원소를 어떻게 정리해야 더 쉽게 알아볼 수 있을지 오래전부터 고민했습니다. 그래서 탄생한 것이 주기율표예요.

처음 원소의 종류에 관심을 가지고 정리한 사람은 라부아지에입니다. 라부아지에는 앞에서도 이야기했듯이 원소들을 비슷한 성질끼리 묶어 네 그룹으로 분류했어요.

하지만 라부아지에의 분류는 현대 과학으로 보면 원소가 아닌 것도 많고, 특징을 잘못 이해한 점도 있습니다.

되베라이너는 특정한 원소 무리는 첫 번째 원소와 세 번째 원소의 질량, 끓는점, 어는점 등을 포함하는 모든 물리량을 평균 내면 두 번째 원소의 물리량 값이 나온다는 사실을 발견했어요. 이런 원소 무리를 되베라이너의 세 쌍 원소라고 부릅니다.

요한 되베라이너
Johann Döereiner,
1780~1849

독일의 화학자입니다. 1829년에 세 쌍 원소를 밝혀서 원소를 분류하는 기초를 세웠습니다. 세 쌍 원소는 주기율 발견의 중요한 계기가 되었지요. 되베라이너의 또 다른 유명한 발견은 공기 중에서 백금에 수소를 대면 발화하는 현상입니다. 이 현상을 응용한 것이 되베라이너등입니다. 이 밖에도 수많은 촉매작용에 대해 연구했습니다.

뉴랜즈라는 화학자는 원자들을 질량순으로 나열하면 여덟 번째마다 성질이 비슷한 원소가 나타난다는 사실을 발견했어요. 예를 들어, 일곱 번째 원소인 리튬의 다음에 오는 원소가 나트륨인데, 두 원소는 산과 반응하고 공기 중에서 쉽게 산화 되어 변하는 등의 비슷한 성질이 있어요. 이것을 옥타브 법칙이라고 합니다. 현재는 아홉 번째마다 비슷한 성질이 나타난다고 밝혀졌어요. 여덟 번째에서 아홉 번째로 순서가 바뀐 이유는 뉴랜즈가 발견하지 못한 원소들이 있었기 때문이에요. 그 원소들은 비활성 기체로서 너무 안정되어 있어서 다른 물질과 거의 반응하지 않았기 때문에 늦게 발견되었지요.

이런 혼란스러움을 정리하고 주기율표를 만든 사람은 멘델레예프입니다. 그는 원자의 질량을 잰 후 그 질량순으로 원소를 배열했어요. 하지만

주기율표

주기율에 따라서 원소를 배열한 표입니다. 원소를 원자번호의 차례대로 왼쪽에서 오른쪽으로 배열하고, 비슷한 성질의 원소가 나타날 때마다 그것을 위아래로 겹치도록 배열했지요. 가로를 주기, 세로를 족이라고 불러요. 1869년에 러시아의 멘델레예프가 원자량 순서대로 정리했고 훗날 모즐리가 개량하여 발표했습니다. 현대의 주기율표는 모즐리의 주기율표와 비슷해요.

성질이 비슷한 원소끼리 묶을 수 없었습니다. 원소들 중에는 질량 변화에 따라 비슷한 성질을 띠는 무리가 있는데, 이 원소들이 조금 어긋나게 정리되었지요.

멘델레예프 이후로도 많은 과학자가 주기율표를 정리했지만, 지금까지 우리가 사용하는 주기율표는 모즐리의 주기율표와 가장 비슷합니다. 모즐리는 멘델레예프의 주기율표에 약간 변화를 주어서 원자의 질량이 아니라 원자 안에 있는 양성자의 개수대로 원소를 정리했어요. 양성자의 개수를 우리는 원자번호라고도 부르지요. 양성자의 개수대로

■ 오늘날의 주기율표

주기＼족	1	2		3	4	5	6	7	8	9	10	11	12	13	14	15	16	17	18
1	1 H																		2 He
2	3 Li	4 Be												5 B	6 C	7 N	8 O	9 F	10 Ne
3	11 Na	12 Mg												13 Al	14 Si	15 P	16 S	17 Cl	18 Ar
4	19 K	20 Ca		21 Sc	22 Ti	23 V	24 Cr	25 Mn	26 Fe	27 Co	28 Ni	29 Cu	30 Zn	31 Ga	32 Ge	33 As	34 Se	35 Br	36 Kr
5	37 Rb	38 Sr		39 Y	40 Zr	41 Nb	42 Mo	43 Tc	44 Ru	45 Rh	46 Pd	47 Ag	48 Cd	49 In	50 Sn	51 Sb	52 Te	53 I	54 Xe
6	55 Cs	56 Ba	*	71 Lu	72 Hf	73 Ta	74 W	75 Re	76 Os	77 Ir	78 Pt	79 Au	80 Hg	81 Tl	82 Pb	83 Bi	84 Po	85 At	86 Rn
7	87 Fr	88 Ra	*	103 Lr	104 Rf	105 Db	106 Sg	107 Bh	108 Hs	109 Mt	110 Ds	111 Rg	112 Uub	113 Uut	114 Uuq	115 Uup	116 Uuh	117 Uus	118 Uuo

란타넘족	*	57 La	58 Ce	59 Pr	60 Nd	61 Pm	62 Sm	63 Eu	64 Gd	65 Tb	66 Dy	67 Ho	68 Er	69 Tm	70 Yb
악티늄족	*	89 Ac	90 Th	91 Pa	92 U	93 Np	94 Pu	95 Am	96 Cm	97 Bk	98 Cf	99 Es	100 Fm	101 Md	102 No

정리한 주기율표가 성질이 비슷한 원소들끼리 모일 수 있는 가장 완전한 형태였습니다.

왼쪽의 주기율표를 보면 원소가 양성자의 개수 순서로 정리되어 있다는 사실을 알 수 있어요. 그런데 란타넘족과 악티늄족이라고 해서 따로 떨어져 있는 원소들이 보이네요. 이 원소들은 무엇일까요?

란타넘은 회백색의 금속입니다. 하지만 공기 중에서는 표면이 산화되어 은빛을 띠는 흰색이 됩니다. 열을 주면 타고, 찬물과는 천천히, 뜨거운 물과는 빠르게 반응해 수소를 만들지요. 1839년 스웨덴의 화학자 모산데르가 발견했고, 원자기호는 La, 원자번호는 57입니다. 그리고 58번 원소에서 71번 원소까지의 열네 개의 원소는 57번 란타넘과 비슷한 성질을 가진 원소라고 해서 이들을 묶어 란타넘족 원소라고 부릅니다.

악티늄은 1899년에 프랑스의 드비에른이 발견한 방사성 원소입니다. 피치블렌드라고 하는 광석에서 우라늄을 분리하고 남은 물체 속에서 발견했지요. 이름은 광선, 방사선 등을 뜻하는 그리스어 '악티스(aktis)'를 따서 붙였어요. 화학 성질은 란타넘과 비슷합니다. 은빛을 띠는 흰색의 금속으로 습기 많은 공기 중에서는 표면이 쉽게 산화되지요. 원자기호는 Ac이고 원자번호는 89입니다. 그리고 90번부터 103번까지 악티늄과 비슷한 성질을 가진 원소들과 함께 묶어 악티늄족 원소라고 합니다.

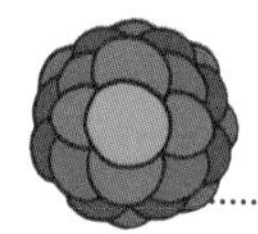

원소는 어떻게 구별할까요?

앞에서 원소에는 많은 종류가 있다는 사실을 알아보았습니다. 그러면 어떤 물질에 어떤 원소가 들어 있는지 알아보는 방법은 없을까요?

원소 가운데 주기율표에서 왼쪽에 위치하는 금속 원소들은 불꽃 반응을 할 때 특정한 색을 나타내요. 불꽃 반응이란 물질이 무색의 불꽃과 닿아 물질 고유의 빛깔을 나타내는 현상을 말해요. 이때 물질은 온도가 가장 높은 겉불꽃, 즉 불꽃의 맨 바깥 부분에 넣어야 해요. 주기율표의 왼쪽 원소들을 물에 녹여 겉불꽃에 넣으면 원소 특유의 색을 관찰할 수 있습니다. 어떤 물질이 겉불꽃에 닿아 특정한 색을 낸다면, 그 물질이 어떤 원소로 되어 있는지 알아보기 쉽겠지요.

불꽃에 반응하는 몇 가지 원소의 색을 소개해 볼까요? 나트륨은 노란색, 리튬은 빨간색, 스트론튬은 진한 빨간색, 칼슘은 주황색, 구리는 청록색, 칼륨은 보라색을 냅니다.

리튬과 스트론튬은 불꽃에 빨간색과 진한 빨간색으로 반응해요. 하지만 우리 눈으로는 둘 중에 어느 쪽이 더 빨갛고 덜 빨간지는 거의 구별할 수 없어요. 이럴 때 사용할 수 있는 방법이 한 가지 더 있습니다.

바로 스펙트럼이에요. 알아보고 싶은 원소에 빛을 쏘아 분광기에 통과시키면 일정한 선 스펙트럼이 나옵니다. 까만 바탕에 여러 개의 불규칙한 선이 나오지요. 같은 원소라면 같은 위치에 선이 나옵니다. 선을 비교하면 어떤 원소인지 구별할 수 있지요. 스펙트럼을 이용하면 불꽃 반응 색깔이 비슷해서 구별하기 어려운 원소도 명확하게 구별할 수 있어요.

분광기

빛을 프리즘에 통과시키면 빨, 주, 노, 초, 파, 남, 보 무지개 색으로 나뉘어 보입니다. 이처럼 빛을 색별로 나누어 주는 기계가 분광기예요. 프리즘과 같아요.

스펙트럼

빛을 분광기나 프리즘에 통과시키면 빛이 분해되어 나타나요. 이렇게 빛이 분해된 성분을 스펙트럼이라고 합니다.

스펙트럼에는 연속 스펙트럼과 선 스펙트럼 두 가지가 있어요. 백색광을 프리즘에 통과시키면 연속 스펙트럼은 빨, 주, 노, 초, 파, 남, 보의 무지개 색이 연속으로 나와요. 원소를 구별하는 데는 선 스펙트럼이 사용됩니다. 원자나 분자에서 방출되는 빛은 연속적인 스펙트럼이 아니라 일정한 선을 나타내는 스펙트럼을 가지고 있어요. 선 스펙트럼은 연속 스펙트럼과 다르게 검은 면 위에 여러 개의 띠가 나타납니다. 사람의 지문이 저마다 다르듯 원소도 저마다 다른 모양의 띠를 갖지요. 가령 A 원소는 띠가 세 줄이 붙어서 나왔다면, B 원소는 두 줄이 멀리 떨어져 나옴으로써 두 원소가 다른 원소라는 사실을 보여 주지요.

■ 연속 스펙트럼

■ 선 스펙트럼

여러 가지 원소들

우리 생활에서 많이 볼 수 있는 원소를 몇 가지 살펴볼까요?

우선 수소는 원자번호 1번입니다. 지구상에 존재하는 원소 중에 가장 가벼운 원소이지요. 영어로는 하이드로젠(hydrogen)이고, 원소기호는 H입니다. 수소는 핵융합 반응의 원료로 사용되며, 엄청나게 큰 에너지를 만들 수 있어요. 또 수소 기체를 연료로 해서 움직이는 자동차도 개발되고 있습

독일의 자동차 회사인 BMW의 기술자들이 수소 연료 자동차를 손보고 있다.

니다. 수소 기체는 불에 태웠을 때 물만 찌꺼기로 남기 때문에 연료로 사용할 수 있게 된다면 환경을 오염시키지 않을 거예요. 환경 보호가 중요한 요즘 크게 주목을 받고 있는 원소이지요. 하지만 수소는 폭발하기 쉬워서 운반과 저장이 어렵다는 단점이 있어요. 이 문제를 해결하기 위해 아직 연구 중이에요.

다음으로 산소를 알아볼까요? 원자번호 8번인 산소는 영어로 옥시젠(oxygen)이며, O라는 원소기호로 나타내요.

산소는 지구에서 가장 많이 있는 원소예요. 산소는 자연 그대로의 기온에서 보통 두 개의 원자가 짝지어 다니며 다른 원소와 반응하기를 매우 좋아합니다. 산소 두 개가 짝지어 다니면 산소 기체가 돼요. 산소 기체는 우리가 호흡할 때 반드시 필요한 기체이지요. 산소 세 개가 짝을 지으면 오존 상태가 돼요. 오존은 하늘에서 오존층으로 둘러져 있어 태양의 자외선을 차단해 주는 역할을 합니다.

원자번호 6번인 탄소는 영어로는 카본(carbon)이고, 원소기호는 C입니다. 탄소는 우리 생활에 많이 사용되는 원소예요. 우리가 주로 먹는 음식인 탄수화물, 단백질, 지방을 구성하는 원소이며, 석유나 석탄에도 많이 들어 있어요.

연필심과 다이아몬드는 친한 친구

탄소는 원소들끼리 어떤 모양으로 결합하느냐에 따라서 다른 성질의 물질이 돼요. 판 모양으로 납작하게 결합하면 우리가 자주 사용하는 연필심의 재료인 흑연이 되고, 입체 구조로 결합하면 예쁜 보석인 다이아몬드가 됩니다.

연필심과 다이아몬드가 같은 원소로 되어 있다니 신기하지요? 둘의 값어치는 하늘과 땅 차이인데 말이에요. 이처럼 같은 원소로 이루어졌지만 물체를 구성하는 모양이 다르고, 그에 따라 다른 성질을 띠는 물질을 동소체라고 해요. 연필심을 만드는 흑연과 다이아몬드도 탄소라는 같은 원소로 이루어진 동소체이지요.

문제 1 원소기호는 왜 등장했나요?

문제 2 원소 주기율표는 왜 등장했으며, 모즐리의 주기율표의 기준은 무엇인가요?

3. 주기율표 왼쪽에 있는 금속 원소들은 불꽃 반응을 할 때 특정한 색이 나타납니다. 나트륨은 노란색, 리튬은 빨간색, 스트론튬은 진한 빨간색, 칼슘은 주황색이 나타나지요. 또 다른 방법은 스펙트럼입니다. 까만 바탕에 여러 개의 불규칙한 선이 나오는데, 같은 원소일 때는 같은 위치에서 선이 나옵니다.

4. 흑연과 다이아몬드는 똑같이 탄소로 이루어져 있는데, 탄소가 어떤 모양으로 결합하느냐에 따라 흑연이 되기도 하고 다이아몬드가 되기도 합니다. 판 모양으로 납작하게 결합하면 흑연, 입체 구조로 결합하면 다이아몬드가 되지요. 이렇게 같은 원소로 이루어졌지만 다른 성질을 띠는 물질을 동소체라고 해요.

문제 3 지금까지 발견된 원소만 해도 118가지가 있어요. 이 원소들은 어떻게 구별할 수 있을까요?

문제 4 연필심의 재료인 흑연과 다이아몬드는 같은 원소로 이루어져 있어요. 어떻게 다른 성질의 물체가 됐을까요?

정답

1. 원소를 이름 없이 특징으로만 설명하기가 너무 복잡했기 때문에 원소기호가 등장했어요. 처음에는 기하학적인 무늬로 원소기호를 나타냈지만, 사용할 때 시간이 너무 오래 걸리고 불편하기 때문에 현재의 원소기호가 만들어졌지요.

2. 118개의 원소들을 더 쉽게 찾고 편히 알아볼 수 있도록 하기 위해 주기율표가 등장했어요. 여러 주기율표가 있었지만 현재 사용하는 주기율표와 가장 비슷한 형태는 모즐리의 주기율표예요. 모즐리는 원자의 양성자 개수대로 원소를 정리했어요. 양성자의 개수를 원자번호라고 부르지요.

관련 교과

중학교 1학년 2. 분자의 운동
중학교 2학년 2. 물질의 구성
중학교 3학년 3. 물질의 구성, 5. 물질 변화에서의 규칙성

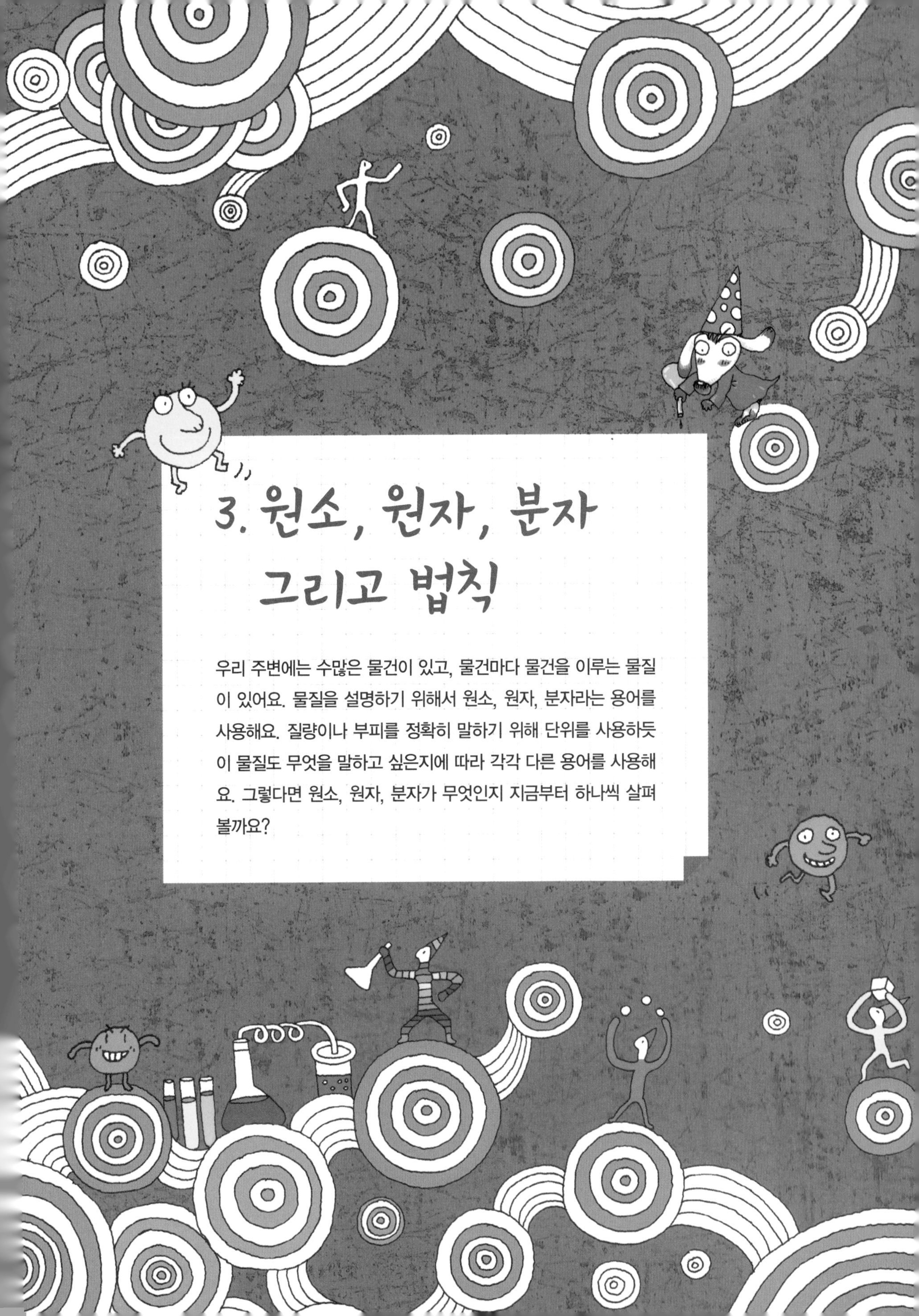

3. 원소, 원자, 분자 그리고 법칙

우리 주변에는 수많은 물건이 있고, 물건마다 물건을 이루는 물질이 있어요. 물질을 설명하기 위해서 원소, 원자, 분자라는 용어를 사용해요. 질량이나 부피를 정확히 말하기 위해 단위를 사용하듯이 물질도 무엇을 말하고 싶은지에 따라 각각 다른 용어를 사용해요. 그렇다면 원소, 원자, 분자가 무엇인지 지금부터 하나씩 살펴볼까요?

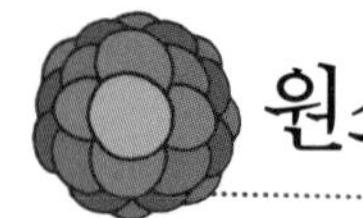

원소, 원자, 분자의 관계

원자와 원소라는 말은 지금까지 계속 들어서 매우 익숙할 거예요. 하지만 막상 원자와 원소의 정확한 뜻과 차이점을 물으면 대답하기 어렵지요. 원자와 원소는 엄연히 뜻이 다르지만 이름이 비슷해서 개념을 혼동하기 쉬워요. 그러면 지금부터 원자와 원소의 정확한 뜻을 알아볼까요?

원자는 물질을 이루는 가장 작은 알갱이를 뜻해요. 앞에서 배운 데모크리토스의 입자설을 기억하고 있나요? 데모크리토스는 물질은 더 이상 쪼개지지 않는 입자로 구성되어 있다고 주장했지요. 더 이상 쪼개지지 않는 상태의 아주 작은 입자를 원자라고 부릅니다. 그리고 원소란 이 입자의 종류를 말하지요.

물질을 더 이상 쪼갤 수 없는 상태까지 계속 쪼개어 남는 입자가 원자예요. 원자의 종류는 하나가 아니라 무려 118가지나 있습니다. 118가지의 종류를 원소라고 하지요. 예를 들어 볼게요.

제과점에서 파는 사탕병에는 딸기 맛, 포도 맛, 사과 맛 등 여러 가지 맛의 사탕이 섞여 있어요. 사탕병을 물질, 사탕을 더 이상 쪼갤 수 없는 알갱이라고 생각하고, 사탕을 맛별로 분류해 보세요. 그러면 딸기 맛 사탕, 포도 맛 사탕, 사과 맛 사탕은 원소라고 생각할 수 있어요. 모두 같은 병 안에 있는 사탕이지만 맛은 각각 다르지요? 맛의 차이로 사탕의 종류가 나뉘어요. 이렇게 다른 사탕 맛이 원소가 되는 거예요.

그러면 사탕병 안에서 원자는 무엇일까요? 사탕병 안에 들어 있는 사탕 알갱이 하나하나를 전부 원자라고 볼 수 있어요. 사탕은 모두 원자라고 불리지만 맛(원소)에 따라 딸기 맛 원자, 포도 맛 원자, 사과 맛 원자로 분류되지요.

원소와 원자는 비슷한 뜻으로 생각하기 쉽지만 이렇게 엄연히 다르게 사용됩니다.

화학책을 읽다 보면 분자라는 말이 등장하기도 해요. 분자는 또 무엇일

까요? 분자는 '물질의 성질을 지닌 가장 작은 입자'를 말하고 원자는 '물질을 이루는 가장 작은 알갱이'를 말해요. 분자와 원자의 차이가 무엇인지 이해되나요? 분자를 정의하는 구절을 자세히 보면 '성질'이라는 단어가 들어가 있어요. 원자의 정의에는 없는 말이지요. 성질이란 물질의 고유한 특징이라는 뜻입니다.

우리 주변에서 흔히 볼 수 있는 물을 예로 들어 볼까요. 물은 산소 원자 하나와 수소 원자 두 개가 결합해서 만들어져요. 셋 중 어느 하나라도 떨어져 나간다면 더 이상 물이 아닙니다.

분자란 원자 여러 개가 모여 새로운 성질을 이룰 때 그 성질을 지닌 가장 작은 단위를 말해요. 물 분자에서 산소가 빠지면 물과는 완전히 다른 성질

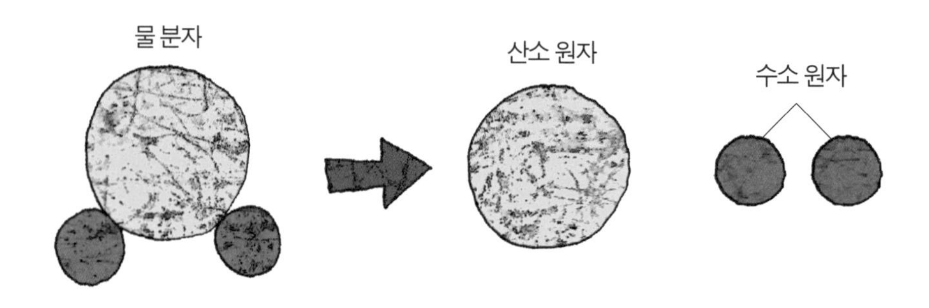

산소 원자 하나와 수소 원자 두 개가 결합하면 물의 성질을 유지하지만, 산소 원자와 수소 원자가 분리되면 물의 성질을 잃는다.

을 띠는 수소 기체가 되지요. 따라서 분자가 깨지면 더 이상 그 물질이 아닌 다른 물질이 되어 버립니다. 분자는 물질의 성질을 결정하는 매우 중요한 단위예요.

학교에서 짝꿍 바꾸기를 할 때를 생각해 보세요. 누군가와 짝이 된 상태가 바로 분자 상태예요. 짝꿍을 바꾼다고 해서 내가 변하지 않듯이 원자도

변하지 않아요. 하지만 짝꿍이 누가 되느냐에 따라서 나란히 앉은 자리의 분위기가 변하듯이 분자 상태는 달라질 수 있어요. 친한 친구와 짝꿍이 되면 기쁘고 할 말도 많겠지요? 하지만 친하지 않은 친구와 짝꿍이 되면 조금 어색한 기분이 들 거예요. 원자도 어떤 원자와 짝을 짓느냐에 따라 천차만별로 성질이 변합니다.

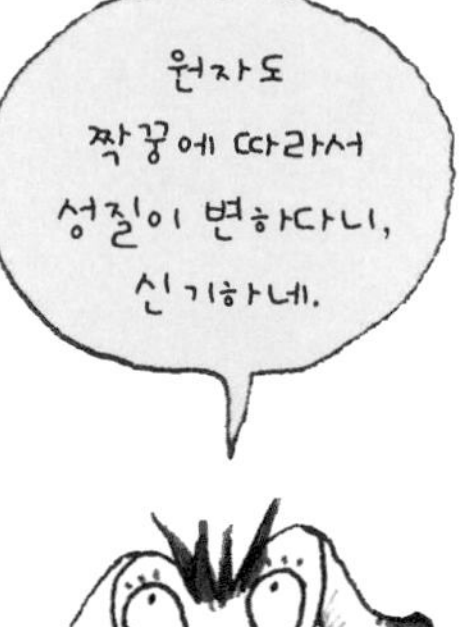

실제로 원자와 원자가 만나서 새로운 성질이 되는 경우를 살펴볼까요?

산소 원자 한 개와 수소 원자 두 개가 짝을 지으면 물이 됩니다. 물은 우리가 살아가는 데 없어서는 안 되는 물질로 냄새와 색이 없어요. 물은 우리 몸속의 피를 구성합니다.

질소 한 개와 수소 세 개가 짝을 지으면 암모니아라는 물질이 됩니다. 암모니아는 독성이 있는 물질로서 냄새가 매우 고약합니다. 화장실 청소를 오랫동안 하지 않으면 사람의 소변에 섞여 나오는 암모니아 냄새가 배어서 고약한 냄새가 나지요.

이처럼 무엇과 짝을 짓느냐에 따라 원자는 여러 가지 성질을 갖는 분자로 만들어집니다.

물질을 이루는 법칙

화학반응이란 반응이 일어나 새로운 물질을 만든다는 뜻이에요. 이때 변화하기 전의 물질을 반응물, 변화한 물질을 생성물이라고 해요. 불에 무엇인가를 태우는 일도 연소라는 화학반응 중 하나입니다. 그런데 화학반응도 일정한 법칙을 지키며 일어나요. 화학반응이 일어날 때 어떤 법칙에 따라 일어나는지 알아볼까요?

화학반응과 관련된 법칙 중 첫 번째로 알아볼 법칙은 '질량 보존의 법칙'입니다. 질량 보존의 법칙이란 화학반응이 일어나기 전과 반응이 일어난 후의 물질의 질량은 항상 같다는 법칙이에요. 화학반응이 일어나도 물질 안에 있는 원자량은 변화가 없고 단지 원자들끼리 짝꿍만 바꾸기 때문이지요. 원자들끼리 짝꿍을 바꾸면 물질의 성질은 변하지만 질량 보존의 법칙에 의해 질량은 변하지 않습니다.

앞에서 알아본 슈탈의 플로지스톤설을 기억하나요? 슈탈은 모든 물질에는 플로지스톤이 들어 있어서 태우면 질량이 감소한다고 주장했어요. 하지만 철을 태우면 오히려 질량이 증가한다는 사실에 대해서는 설명하지 못했지요. 어떤 물질은 연소할 때 질량이 줄고, 또 어떤 물질은 연소할 때 질량이 늘어나는 이유는 무엇일까요? 질량 보존의 법칙에 따르면 연소하기 전과 연소한 후의 질량은 같아야 하지 않을까요?

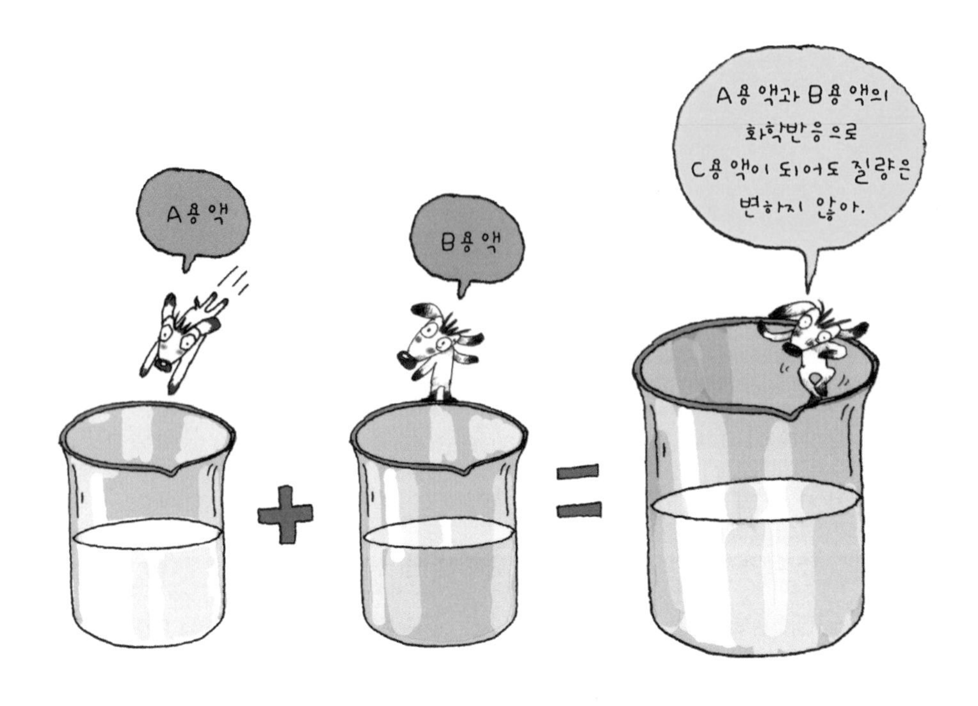

이 물음에 답하기 전에 우선 연소가 무엇인지부터 알아야 해요. 연소는 어떤 물질이 산소와 결합하면서 빛과 열을 내는 현상을 말해요. 불로 무엇인가를 태울 때 빛과 열이 나는 모습을 생각하면 이해하기 쉬울 거예요. 연소를 하면 질량이 늘어나는 이유가 바로 여기에 있어요. 물질이 산소와 결합하면 산소 원자들의 무게가 물질에 더해집니다. 예를 들어, 철을 연소하면 반응 전 물질인 철에 산소가 더해져요. 철이 산소와 결합된 물질을 산화철이라고 하는데 연소한 후에는 산화철이 만들어져서 '철 질량+산소 질량=산화철 질량'이라는 등식이 성립하게 되지요.

이와 반대로 질량이 줄어드는 경우는 어떻게 설명할 수 있을까요? 종이를 태우고 나면 타기 전보다 질량이 줄어들어요. 이때도 종이와 산소가 반응하지만 반응한 뒤에 이산화탄소가 빠져나가서 오히려 질량이 줄어듭니다. 앞에서 짝꿍 바꾸기를 화학반응의 예로 들었지요? 그 예를 생각해 보

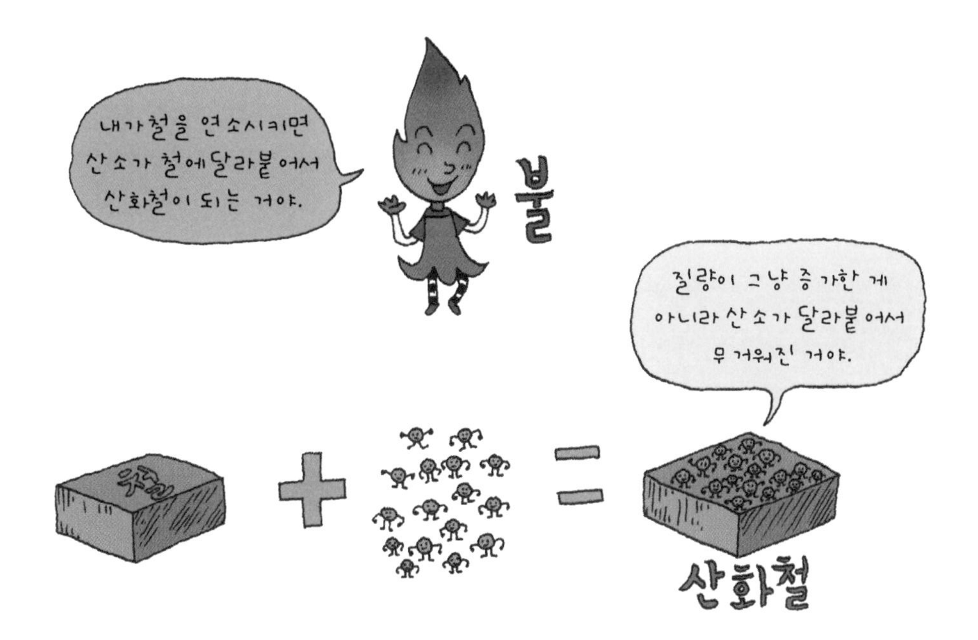

면 더욱 쉽게 이해할 수 있어요. 화학반응을 해서 짝꿍을 바꾼 결과로 이산화탄소가 나왔는데, 이산화탄소는 기체여서 공기 중으로 날아가 버린 거예요. 그러면 질량이 줄어들게 되지요. 그 결과 '종이 질량+산소 질량=재 질량+이산화탄소 질량'이라는 등식이 성립합니다.

두 번째로 알아볼 법칙은 '일정 성분비의 법칙'입니다. 일정 성분비라는 말은 무슨 뜻일까요? '일정'은 일정하다, '성분'은 어떤 물질을 구성하는 부분, '비'는 비율을 의미해요. 앞에서 분자는 원자들이 결합해 일정한 성질을 갖게 된 가장 작은 입자를 뜻한다고 알아보았어요. 일정 성분비의 법칙이란 원자들이 결합해 분자가 될 때 어떤 원자가 얼마만큼 결합되었는지 질량을 재어 보면 그 비율이 항상 일정하다는 법칙이에요.

물은 산소 원자 하나와 수소 원자 두 개로 이루어져 있어요. 산소 원자 하나의 질량이 16이라면 수소 원자 하나의 질량은 1이에요. 산소 원자 하나에 수소 원자 두 개가 결합하는 것을 수학식으로 나타내면 16 대 2라고 할 수 있고, 이것을 2로 나누어 간단하게 하면 8 대 1이 됩니다. 이 등식은 수소 원자 질량이 1일 때 질량 8의 산소 원자를 만나면 물이 된다는 뜻이지요. 그러면 만약 수소 원자의 질량이 2인데 산소 원자의 질량이 8이면 어떻게 될까요? 수소 원자는 질량 1만큼만 산소와 결합하여 물이 되고 나머지 1은 수소로 남아 있게 됩니다.

이것이 바로 일정 성분비의 법칙이에요. 물 이외의 다른 물질에도 이 법칙은 모두 성립합니다.

다음으로 알아볼 법칙은 기체 반응의 법칙이에요. 이 법칙은 기체가 반응할 때 일정한 부피 비율로 결합한다는 뜻입니다. 질량 보존의 법칙과 비슷하지만 질량 비율이 아닌 부피 비율이라는 점이 다르지요. 예를 들어 탄소 기체와 산소 기체가 만나 이산화탄소 기체를 만들 때는 탄소 기체 1부

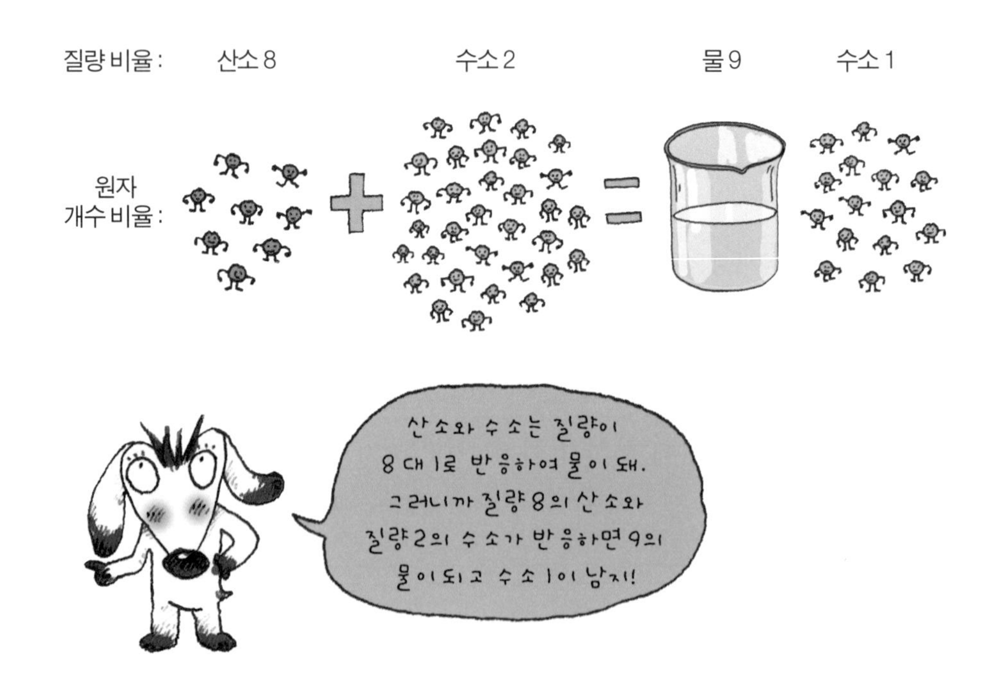

피에 산소 기체 2부피가 만나서 이산화탄소 1부피가 만들어지지요. 일반적인 덧셈으로 생각하면 오류가 생긴답니다. 1+2를 했는데 1이 나오니 말이에요.

1811년에 아보가드로의 법칙을 발표한 아보가드로.

마지막으로 알아볼 법칙은 아보가드로의 법칙이에요. 아보가드로는 모든 기체는 같은 부피 안에 같은 수의 분자가 있다는 법칙을 발견했습니다. 수소 기체처럼 크기가 작은 기체이든, 이산화탄소처럼 크기가 큰 기체이든 똑같은 부피만큼 모아 개수를 세면 그 안에는 같은 수의 분자가 있다는 뜻이지요. 이것을 아보가드로의 법칙이라고 합니다.

돌턴의 원자설

존 돌턴
John Dalton, 1766~1844

영국의 화학자이자 물리학자로서 원자설을 처음으로 주장했어요. 원자의 성질을 네 가지로 예측해 화학의 발달에 크게 이바지했지요. 또한 기체에 대한 연구도 활발히 해서 기체의 압축에 의한 발열, 혼합 기체의 압력, 기체의 확산 혼합 등을 연구했습니다. 색맹에 대해서 최초로 연구하기도 했지요.

존 돌턴.

원자는 매우 작은 입자예요. 그래서 원자가 어떤 성질을 지녔는지 쉽게 알 수 없어요. 그리스 시대의 데모크리토스도 원자에 대하여 이야기했지만 실체에 다가가지는 못했어요. 돌턴은 이 문제를 해결하기 위해 질량 보존의 법칙과 일정 성분비의 법칙을 바탕으로 원자의 성질을 네 가지로 예측했어요. 돌턴의 이론은 오늘날 원자론의 밑거름이 되었습니다. 그러면 돌턴의 원자설에 대해 하나씩 살펴볼까요?

첫째, "모든 물질은 쪼갤 수 없는 원자로 이루어져 있다." 돌턴은 모든 물질을 이루는 기본 입자를 원자라고 정의하고, 원자는 더 이상 쪼개지지 않는다고 했어요. 물건을 계속 자르고 자르면 결국에는 쪼개지지 않는 입자가 나온다는 데모크리토스의 입자설과 같은 내용입니다.

둘째, "같은 원자끼리는 크기와 질량이 같고 다른 원자는 크기와 질량이 다르다." 수소와 수소는 같은 원소의 원자로 질량과 크기가 같지만 수소와 산소는 다른 원소의 원자로 크기와 질량이 다르다는 뜻이에요. 원자는 저마다의 고유한 질량과 크기가 있다는 뜻이지요.

셋째, "화학반응을 할 때 원자는 새로 생기거나 없어지지 않으며 다른 종류의 원자로도 변하지 않는다." 이 주장이 질량 보존의 법칙을 설명하는 항목이에요. 화학반응을 할 때 원자가 변하거나 없어지지 않고 그대로 유지된다면 질량은 당연히 보존될 테니까요. 예를 들어 볼까요? 구슬 다섯 개를 모아서 잰 질량과 구슬을 두 개, 세 개로 나누어서 각각 질량을 잰 뒤

합한 질량은 같아요. 마찬가지로 물질이 화학반응을 해서 원자가 원래의 모습과 다르게 결합해 다른 물질이 된다고 해도 물질 안에 있는 원자의 질량은 변하지 않고 보존됩니다.

넷째, "서로 다른 원자들은 일정한 비율로 결합해 화합물을 만든다." 이 내용은 일정 성분비의 법칙을 설명하는 항목이에요.

하지만 이러한 돌턴의 원자설이 모두 옳지는 않습니다. 한 가지를 제외하고는 현대에 와서 모두 수정되었어요.

첫 번째 주장인 모든 물질은 쪼갤 수 없는 원자로 이루어져 있다는 내용은 원자가 핵과 전자로 나뉘고, 원자핵이 양성자와 중성자로 나뉜다는 사실이 밝혀지면서 수정될 수밖에 없었어요. 이에 대한 내용은 4장에서 더 자세히 배울 거예요.

같은 원소의 원자는 크기와 질량이 같다는 두 번째 의견은 동위원소가 발견되면서 수정되었습니다.

원자는 화학반응을 할 때 새로 생기거나 없어지지 않으며 다른 종류의 원자로 변하지 않는다는 세 번째 항목 역시 틀렸다고 밝혀졌어요. 핵분열이나 핵융합을 통하면 원자는 변하거나 없어질 수 있으니까요. 핵분열과 핵융합에 대해서는 5장에 자세히 나옵니다.

결국 돌턴의 원자설 중 아직까지 인정받는 항목은 서로 다른 원자들은 일정한 비율로 모여서 새로운 물질을 형성한다는 네 번째 항목 하나뿐입니다.

동위원소

같은 원소임이 분명하지만 질량이 다른 원소를 동위원소라고 해요. 예를 들어, 수소는 일반적인 수소와 중수소, 삼중수소 이렇게 세 가지 종류가 있어요. 이 수소들은 각각 질량이 달라요. 왜냐하면 원자 안의 핵에 존재하는 중성자 개수가 다르기 때문이에요. 수소는 중성자가 0개, 중수소는 한 개, 삼중수소는 두 개 들어 있지요. 수소 외에도 산소, 질소 등 거의 모든 원소에는 동위원소가 있습니다.

문제 1 원자와 원소는 무엇이 다른가요? 또 분자는 무엇인가요?

문제 2 물질을 이루는 법칙 중에서 대표적인 것으로 질량 보존의 법칙이 있어요. 이 법칙에 대해 설명해 보세요.

3. 화합물은 성분 원소의 원자들이 일정한 비율로 결합함으로써 이루어진다는 원리입니다. 물은 산소 원자 하나와 수소 원자 두 개로 이루어져 있는데, 산소 원자 하나의 질량이 16이라면 수소 원자 하나의 질량은 1이에요. 그러면 산소 원자 하나에 수소 원자 두 개가 결합하니까 질량을 비율로 나타내면 16:2이고, 이것을 2로 나누면 8:1이 돼요. 이렇게 일정한 성분 비율로 결합한다고 해서 '일정 성분비의 법칙'이라고도 하지요.

4. 같은 원소인 것은 분명한데 질량이 다른 원소들을 동위원소라고 합니다. 예를 들어, 수소는 일반적인 수소와 중수소, 삼중수소 이렇게 세 가지 종류가 있어요. 이 수소들의 질량은 각각 다릅니다. 그 이유는 원자 안의 핵에 존재하는 중성자 개수가 다르기 때문이에요.

문제 3 돌턴의 원자설은 네 가지로 설명됩니다. 그중에 현재 옳다고 인정받고 있는 네 번째 항목 대해 설명해 보세요.

문제 4 동위원소란 무엇인지 예를 들어 설명해 보세요.

정답

1. 원자는 물질을 이루는 가장 작은 알갱이에요. 데모크리토스가 입자설에서 주장한 입자를 뜻하지요. 원자의 종류는 한 가지가 아니라 118가지가 있는데, 118가지를 원소라고 해요. 분자는 여러 개의 원자가 모여서 새로운 성질을 이룰 때 그 성질을 지닌 가장 작은 단위를 말해요.

2. 질량 보존의 법칙이란 화학반응이 일어나기 전과 후의 질량이 항상 같다는 법칙이에요. 화학반응이란 반응이 일어나 새로운 물질을 만든다는 뜻입니다. 연소도 화학반응 중 하나예요. 예를 들어 철을 연소했다면 반응 전 물질인 철에 산소가 더해져요. 그리고 연소 후에는 산화철이라는 새로운 물질이 만들어져서 '철 질량+산소 질량=산화철 질량'이라는 등식이 성립합니다.

관련 교과

중학교 2학년 2. 물질의 구성

중학교 3학년 3. 물질의 구성, 5. 물질 변화에서의 규칙성

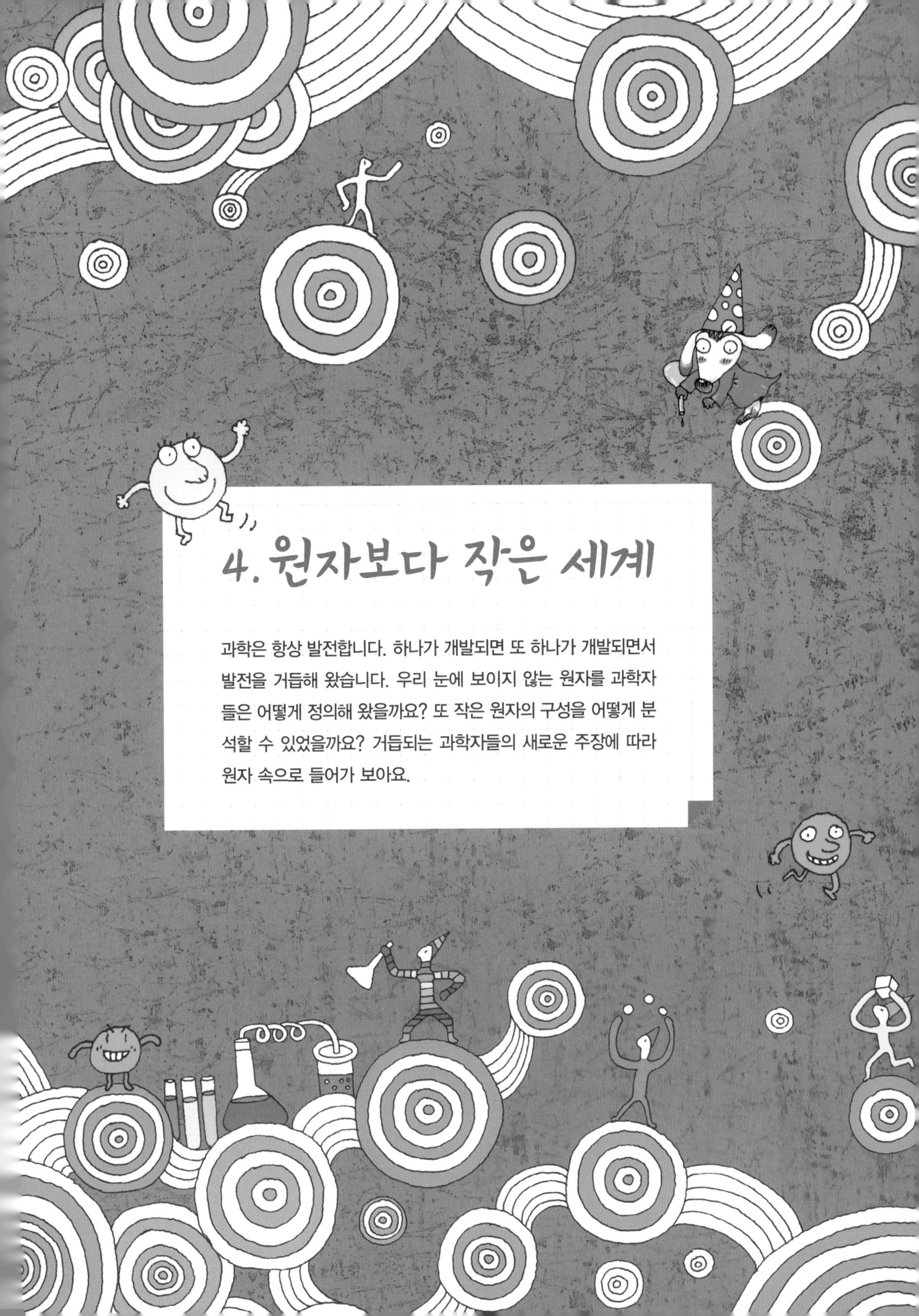

4. 원자보다 작은 세계

과학은 항상 발전합니다. 하나가 개발되면 또 하나가 개발되면서 발전을 거듭해 왔습니다. 우리 눈에 보이지 않는 원자를 과학자들은 어떻게 정의해 왔을까요? 또 작은 원자의 구성을 어떻게 분석할 수 있었을까요? 거듭되는 과학자들의 새로운 주장에 따라 원자 속으로 들어가 보아요.

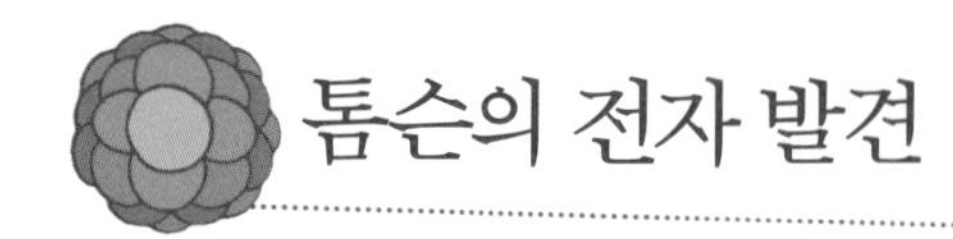

톰슨의 전자 발견

돌턴은 원자가 물질을 이루는 가장 작은 입자로서 쪼개지지 않는다고 주장했습니다. 하지만 톰슨은 음극선 실험을 통해 전자라는 (-)전하를 띤 입자가 원자 안에 존재한다고 주장했어요.

음극선 실험은 무엇일까요? 공기가 없는 상태와 가까운 환경에서 원자에 강한 전압을 걸어 주면 전자가 튀어나와 전류가 흐르게 됩니다. 전류가 흐르는 선이 빛을 내면서 진행한다는 사실을 발견한 톰슨은 성질을 파악하기 위해 실험을 했어요. 양쪽에 전기장과 자기장을 걸어 주어 선의 변화를 살펴보았지요. 그랬더니 선이 (+)극 쪽으로 휜다는 사실을 발견했습니다. (+)극 쪽으로 휜다는 사실은 전류가 흐르는 선이 (-)전하를 띤다는 증거이지요. 그래서 이 선의 이름을 음극선이

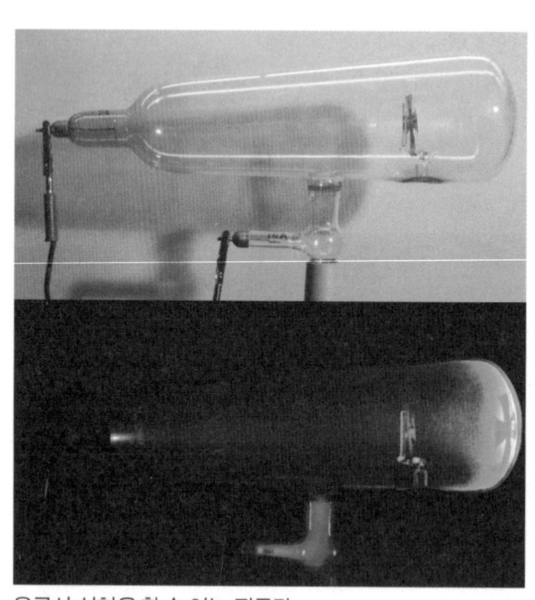

음극선 실험을 할 수 있는 진공관.
ⓒ D-Kuru@the Wikimedia Commons

라고 지었습니다.

전자의 존재를 실험으로 증명한 톰슨.

톰슨은 음극선을 통해 원자 안에는 (-)전하를 띠는 전자가 있다는 사실을 알아냈어요. 그리고 원자가 중성이라는 사실을 떠올리며 (-)전하를 띠는 입자를 제외한 나머지 부분은 (+)전하를 띠고 있다고 생각했습니다. (-)전하의 양과 (+)전하의 양이 같아야 중성이 될 테니 말이에요. 그래서 톰슨은 원자를 (+)전하로 된 입자에 (-)전하를 띤 전자들이 박혀 있는 모양이라고 설명했습니다. 이 원자모형은 건포도가 푸딩에 박혀 있는 모형 같다고 하여 건포도 푸딩 모형이라고도 불러요.

■ **톰슨의 원자모형**

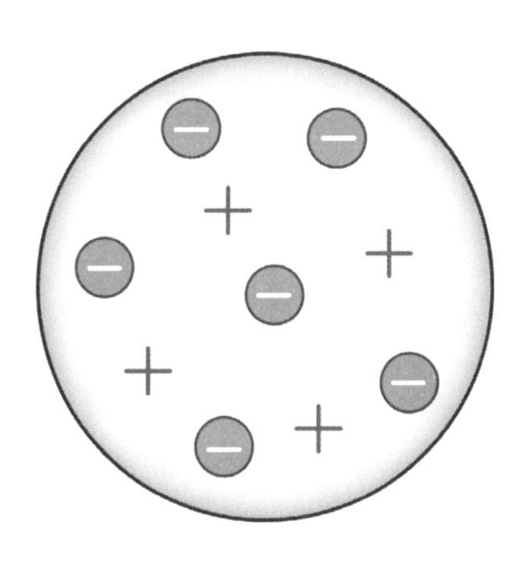

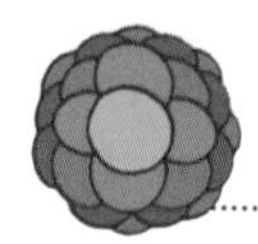

러더퍼드의 원자핵 발견

어니스트 러더퍼드
Ernest Rutherford, 1871~1937

러더퍼드는 원자에 관한 선구적인 물리학자로서 뉴질랜드에서 태어났어요. 소디와 함께 방사선을 연구해 원자가 알파선, 베타선, 감마선을 방출하고 붕괴한다는 사실을 발견했지요. 알파선 산란 실험에서 원자핵의 존재를 발견하고 러더퍼드의 원자모형을 발표했습니다. 1908년에 노벨 화학상을 수상했지요.

알파 입자

알파 붕괴 때 나오는 헬륨의 원자핵이에요. 두 개의 양성자와 두 개의 중성자가 결합해 만들어진 전기를 띤 입자로서 질량은 양성자의 네 배입니다. 원자핵 반응을 일으키는 데 쓰이지요.

러더퍼드는 라듐에서 나오는 알파선을 종이보다 훨씬 얇은 금박에 쏘는 실험을 했습니다. 알파선이란 현재 헬륨 원자의 원자핵의 흐름을 말해요. 양의 성질을 띠는 선이지요. 러더퍼드가 실험했을 때는 알파선이 헬륨 원자의 핵이라는 사실을 몰랐습니다. 러더퍼드는 금박에 이 입자를 쏘았을 때 무엇이 얼마나 통과되는지 보기 위해 검출기를 설치했어요. 그랬더니 어떤 알파선은 금박을 통과해 뒤에서 검출되고, 어떤 알파선은 급속히 휘어 통과하지 못하고 튕겨 나가는 현상이 발견되었어요. 이상하게 생각한 러더퍼드는 (+)의 성질을 띤 알파 입자를 이토록 휘게 만들기 위해서는 (+)전하를 띤 입자들이 뭉쳐서 한군데 있어야 한다고 생각하게 되었습니다. 그래서 원자의 가운데에는 (+)전하를 띤 입자가 한데 뭉쳐 있는 원자핵이 있고 전자가 원자핵 주변을 돌고 있다고 생각했습니다. 이러한 러더퍼드의 원자모형은 행성 모형이라고도 불러요. 원자핵을 가운데에 두고 그 주변을 전자가 도는 모양이 태양을 중심으로 행성들이 도는 모습과 비슷하다고 해서 붙여진 이름이지요.

■ 러더퍼드의 원자모형

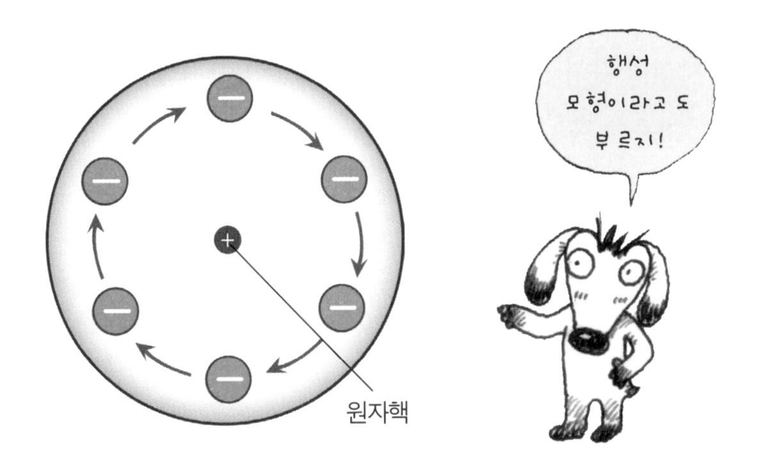

그러면 핵은 쪼개지지 않는 덩어리일까요? 아닙니다. 핵은 양성자와 중성자로 구성되어 있어요. 양성자는 1886년 골트슈타인의 양극선 실험으로 세상에 알려졌어요. 양극선 실험에서는 낮은 압력의 관에 높은 전압을 걸어 주면 (-)극 쪽에서 움직이는 선이 있다는 사실을 발견했어요. 하지만 골트슈타인은 이 선을 정의하지는 못했습니다.

원자핵을 발견한 러더퍼드는 골트슈타인 대신 양성자까지 정의했습니다. 양극선이 발생하는 기체의 종류에 따라서 (+)전하의 양이 달라진다는 것을 발견하고 수소일 때가 가장 작은 값을 갖는다는 사실을 알게 되었어요. 그래서 수소 기체를 넣었을 때 생성되는 (+)전하를 원자핵의 (+)전하 단위라고 제안하고 이 입자를 양성자라고 정의했습니다.

중성자는 이후 1932년 러더퍼드의 제자 채드윅에 의해 발견되었어요. 채드윅은 알파 입자를 베릴륨이라는 원소로 된 박판에 충돌시켰을 때 전하를 띠지 않는 입자가 나온다는 사실을 알게 되어 이 입자에 중성자라고 이름을 붙였습니다.

그리고 한참 뒤에 중성자는 전자 질량의 약 1,839배이며 전기적으로 중성이라는 사실이 밝혀졌지요. 핵은 양성자와 중성자가 함께 있는 상태를 말해요. 원소 가운데 유일하게 수소만 중성자 없이 양성자로 이루어진 핵을 가지고 있습니다.

보어의 원자모형

보어는 러더퍼드 원자모형의 많은 한계를 보완한 새로운 원자모형을 제안했습니다.

우리가 운동장을 뱅글뱅글 돈다면 몸이 어떤가요? 힘들지요? 그 이유는 달리면서 에너지를 소비하기 때문이에요. 이와 마찬가지로 러더퍼드가 제안한 모형에서도 전자가 원자핵 주위를 뱅글뱅글 돌면 에너지가 소모되어서 결국에는 핵으로 전자가 끌려가게 되겠지요. 이 점이 러더퍼드 모형의 허점이었답니다.

러더퍼드 모형의 허점은 또 있어요. 앞에서 배운 스펙트럼을 기억하나요? 원소에 빛을 비추면 사람의 지문처럼 각각의 원소마다 고유한 모양의 선이 생긴다고 했지요. 러더퍼드의 모형으로는 수소의 선 스펙트럼을 제대로 설명할 수 없었어요.

보어는 이러한 오류를 수정하기 위해 새로운 원자모형을 제안했습니다.

보어의 원자모형은 다른 이름으로 전자껍질 모형

닐스 보어
Niels Bohr, 1885~1962

원자 구조를 이해하고 양자역학이 성립하는 데에 기여한 덴마크의 물리학자예요. 1922년 노벨 물리학상을 받기도 했습니다. 코펜하겐의 연구소에서 많은 물리학자들과 공동으로 일했습니다.

전자껍질 모형을 제시한 닐스 보어.

■ 보어의 원자모형

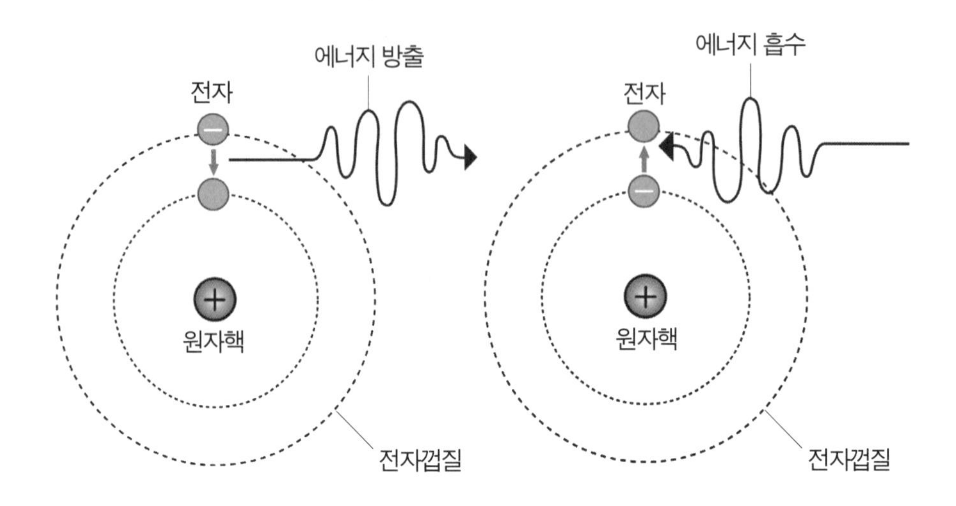

원자핵을 중심으로 전자가 일정한 궤도로 껍질을 이루며 돌고, 전자가 다른 껍질로 이동할 때는 에너지를 흡수하거나 방출한다.

이라고 해요. 원자핵을 중심으로 전자가 일정한 궤도로 껍질을 이루며 돌고 있다는 내용이 전자껍질 모형의 핵심이지요. 원자핵 주변에는 안정한 껍질이 있고, 그 위에서만 전자가 돌 수 있으며, 껍질 위는 안정하기 때문에 에너지 소비가 없다고 생각했어요. 하지만 다른 껍질로 옮겨 갈 때는 에너지를 흡수하거나 방출한다고 생각했습니다.

보어의 원자모형으로 러더퍼드 모형에서 발견되었던 오류들이 많이 사라졌습니다. 하지만 보어의 원자모형도 금세 다른 모형으로 대체되었습니다.

현대의 원자모형

현대 원자모형을 제시한 하이젠베르크.

보어의 모형은 러더퍼드 모형에 비해서는 오류가 적고 많은 내용을 설명할 수 있었지만 전자가 두 개 이상인 헬륨부터는 적용하기 어려웠어요. 또한 전자의 원운동에 대해 밝혀지지 않았고, 분자를 만드는 화학결합이 일어날 때 원자모형이 변화되는 사실을 설명할 수 없었지요.

현재의 모형은 과학자 하이젠베르크가 발견했어요. 하이젠베르크는 보어의 모형에서 전자의 위치를 확실히 정할 수 없다는 오류를 발견했습니다.

그래서 원자의 전자구름 모형이 가장 올바르다고 생각했어요. 전자구름 모형은 전자의 위치는 알 수 없고, 원자핵 주변에서 전자가 발견될 확률이 있을 뿐이라는 주장이에요. 전자가 이 정도 위치쯤에서 발견될 확률이 높다고만 말할 수 있다는 논리이지요.

예를 들어 볼까요? 큰 방에 눈을 가리고 모형 비행기를 날린다고 생각해 보세요. 눈을 가린 상태에서 비행기를 날린다면 비행기는 정확히 어디에 있다고 할 수 있을까요? 그저 방 안 어딘가에 있다고만 할 수 있을 거예요.

베르너 하이젠베르크
Werner Heisenberg,
1901~1976

독일의 물리학자예요. 전자의 위치를 확정해 말할 수 없다는 불확정성 원리로 유명합니다. 하이젠베르크는 1924년 닐스 보어의 제자로 공부했어요. 1932년 노벨 물리학상을 수상하고, 제2차 세계 대전 중에는 독일의 원자폭탄 개발에도 관련되었지만 전쟁 후에는 원자력을 평화적으로 이용하는 데에 주력했습니다.

방 안에서 비행기를 손으로 만질 수 있는 확률은 위치마다 다르게 나타낼 수 있지요. 원자핵 주변에 전자가 있을 확률은 이처럼 애매합니다.

이상한 일이지요? 과학은 시간이 흐를수록 발전하는데 원자모형은 현대에 와서 더 애매해졌으니 말이에요.

전자의 위치를 딱 여기다라고 정할 수 없는 이유는 무엇일까요? 현대의 원자모형은 전자구름 모형으로 전자의 위치를 확실히 정할 수 없어요. 이 말은 무슨 뜻일까요?

전자의 위치를 확실히 정할 수 없다는 원리를 불확정성원리라고 해요. 어려워 보이지만 쉽게 생각해 보면 다음과 같아요. 전자는 매우 작은 입자이며 엄청나게 빠른 속도로 움직이고 있어요. 전자의 움직임을 과학적으로 나타내기 위해서는 전자의 위치와 속도를 알아야 하지요. 그런데 전자는 너무 빠르게 움직이기 때문에 위치를 알기 위해서 가까이 관찰하면 속도를 재기 힘들고, 또 멀리서 관찰해 속도를 재려 하면 위치를 확실히 알기 힘들어집니다. 이러한 현상을 다른 말로 전자가 파동성과 입자성을 띤다고 해요. 파동처럼

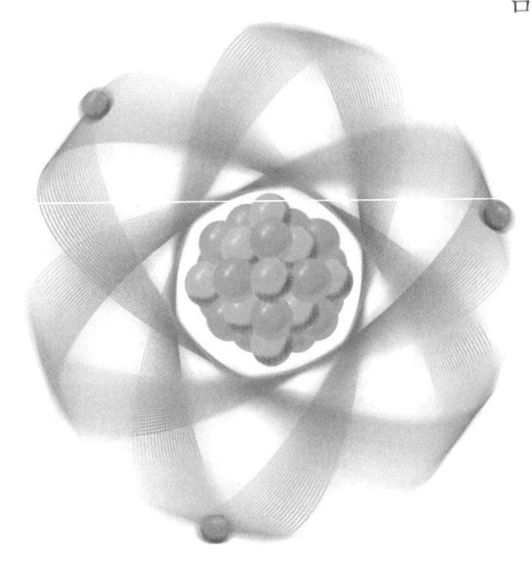

전자는 원자핵 주위에 구름처럼 불확실하게 퍼져 있다.

에너지이기도 하고, 또 우리 주변의 물건처럼 입자의 성질도 있기 때문에 이런 현상이 생기지요. 불확정성원리는 모든 것은 정확하게 알아낼 수 있다고 생각해 왔던 결정론적인 세계관에 큰 변화를 가져왔습니다.

문제 1 톰슨의 원자모형에 대해 설명해 보세요.

문제 2 톰슨의 원자모형과 러더퍼드의 원자모형을 비교해 설명해 보세요.

3. 전자가 원자핵 주위를 뱅글뱅글 돌다 보면 에너지가 소비되어 결국에는 핵으로 전자가 끌려가겠지요. 러더퍼드 모형은 이 한계를 설명할 수 없었어요. 그래서 보어는 전자껍질 모형을 제안했습니다. 원자핵 주변에는 안정한 껍질이 있고, 그 위에서만 전자가 돌 수 있으며, 껍질 위는 안정하기 때문에 에너지 소비가 없다고 생각했어요. 대신 다른 껍질로 옮겨갈 때는 에너지를 흡수하고 방출한다고 생각했지요.

4. 전자는 매우 작은 입자로서 엄청나게 빠른 속도로 움직이고 있습니다. 전자의 움직임을 과학적으로 나타내기 위해서는 전자의 위치와 속도를 알아야 해요. 그런데 전자는 매우 빠르기 때문에 위치를 알기 위해 가까이에서 관찰하면 속도를 알 수 없고, 멀리에서 관찰하면 위치를 확실히 알기 힘들어요.

문제 3 보어의 전자껍질 모형은 러더퍼드 원자모형의 어떤 점을 보완했나요?

문제 4 현대의 원자모형에서는 전자의 위치를 정할 수 없다고 했어요. 그 이유는 무엇인가요?

정답

1. 톰슨은 음극선 실험을 통해 원자 안에는 (−)전하를 띠는 입자들이 있다는 사실을 알아냈어요. 그런데 원자는 항상 중성이기 때문에 (−)전하를 띠는 입자가 아닌 부분은 (+)전하를 띠고 있다고 생각했지요. (−)전하의 양과 (+)전하의 양이 같아야 중성이니까요. 그래서 톰슨은 (+)전하를 띤 입자에 (−)전하를 띤 전자가 박혀 있다고 원자를 설명했습니다.

2. 톰슨은 원자 자체가 (+)전하를 띤 물질로 되어 있고, 그 속에 (−)전하를 띤 전자가 건포도 푸딩의 건포도처럼 박혀 있다고 생각했어요. 하지만 러더퍼드는 원자 중심에 (+)전하를 성질을 띤 원자핵이 있고, (−)전하를 띤 전자가 원자핵 주변을 돌고 있다고 생각했지요.

관련 교과

중학교 2학년 2. 물질의 구성

중학교 3학년 3. 물질의 구성, 5. 물질 변화에서의 규칙성

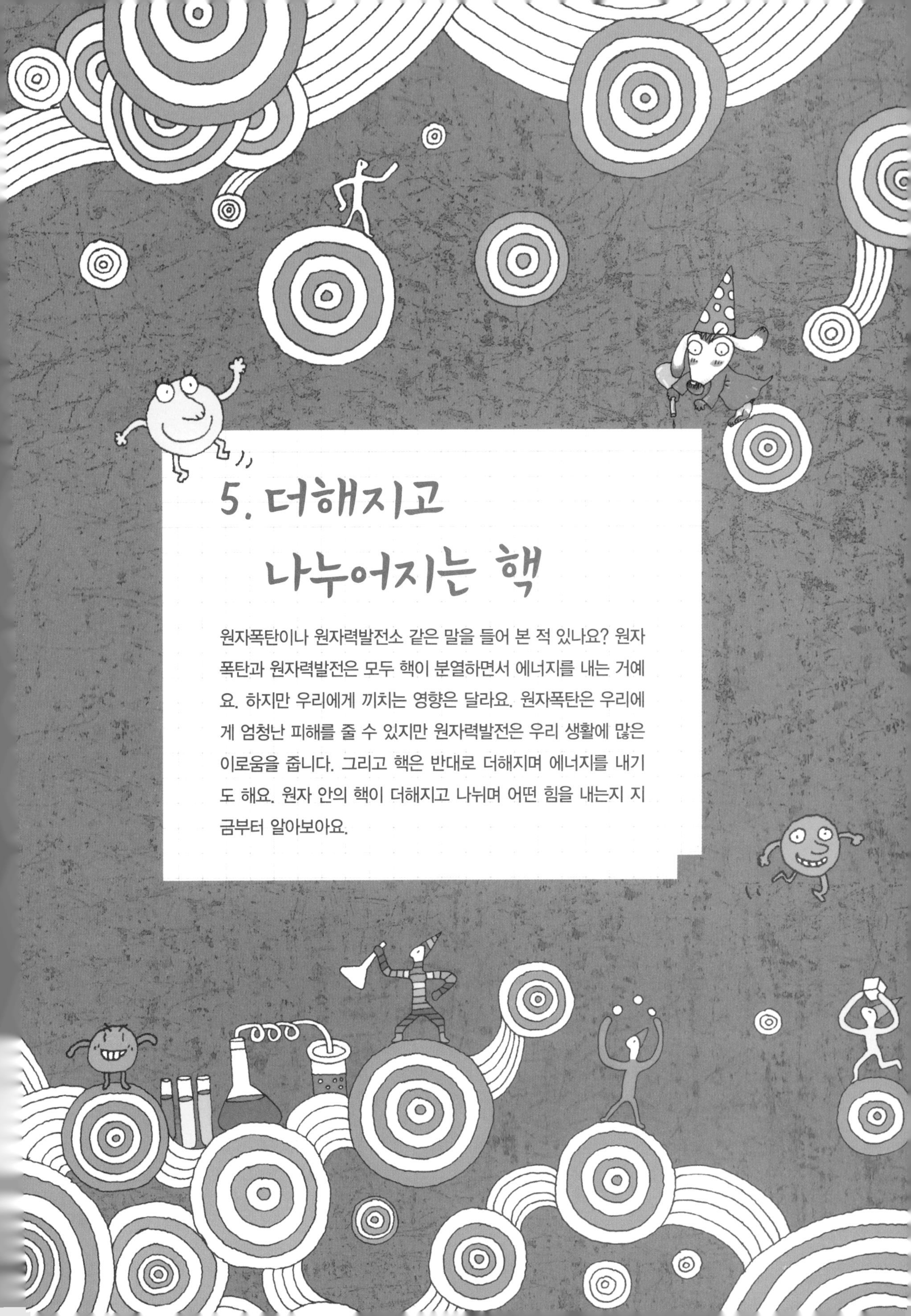

5. 더해지고 나누어지는 핵

원자폭탄이나 원자력발전소 같은 말을 들어 본 적 있나요? 원자폭탄과 원자력발전은 모두 핵이 분열하면서 에너지를 내는 거예요. 하지만 우리에게 끼치는 영향은 달라요. 원자폭탄은 우리에게 엄청난 피해를 줄 수 있지만 원자력발전은 우리 생활에 많은 이로움을 줍니다. 그리고 핵은 반대로 더해지며 에너지를 내기도 해요. 원자 안의 핵이 더해지고 나뉘며 어떤 힘을 내는지 지금부터 알아보아요.

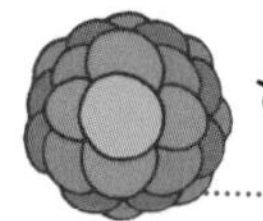

핵분열이 무엇인가요?

우리는 이미 핵이 무엇인지 배웠어요. 핵은 원자의 중심에 (+)전하를 띠는 입자로서 중성자와 양성자로 이루어져 있지요. 그런데 이러한 핵이 분열할 수 있다는 사실이 밝혀졌습니다.

앞에서 배웠던 돌턴의 원자설을 기억하고 있나요? 돌턴은 원자에 대해 네 가지 가설을 세웠지만 한 가지를 제외하고는 모두 틀린 가설이라는 사실이 밝혀졌지요. 그중 세 번째 가설이 핵분열과 관련이 있습니다. "화학반응에서 원자는 재배열될 뿐 다른 원소의 원자로 바뀌거나 없어지지 않는다"가 바로 세 번째 가설이었지요. 이 말은 원자는 화학반응을 할 때 변하지 않는다는 의미로 이해할 수 있어요. 하지만 핵이 분열된다는 사실이 밝혀지면서 이 가설이 틀렸다는 사실이 증명되었습니다.

우리는 원소의 뜻과 원소 구별법에 대해서 배웠어요. 불꽃에 반응할 때 원소들이 나타내는 색을 보고 어떤 원소인지 알 수 있지요. 비슷한 색으로 반응하는 원소들을 구별하는 데에는 스펙트럼을 이용한다고도 했어요. 또 다른 방법은 양성자의 수를 헤아려 보는 거예요. 예를 들어 수소는 양성자가 하나인 원소이고, 헬륨은 양성자 두 개에 중성자 두 개인 원소예요. 만약 헬륨의 핵이 두 개로 쪼개지면 중성자 하나에 양성자 하나인 핵이 두 개 생기겠지요? 이렇게 만들어지는 핵을 헬륨이라고 할 수 있을까요? 당연히 아닙니다. 중성자 하나에 양성자 하나인 원소를 우리는 중수소라고 불러요. 다른 원소로 바뀌는 거예요.

핵분열을 할 수 있는 원자들은 대부분 원자번호가 큰 원소들이에요. 26번인 철보다 원자번호가 작은 원자들은 분열하면 에너지를 방출하지 않고 오히려 흡수합니다. 우리가 많은 에너지를 주어야 분열할 수 있지요. 하지만 원자번호가 큰 우라늄 같은 경우는 분열하면서 굉장히 큰 에너지를 방출해요. 이때 나오는 에너지를 우리는 다양한 곳에 활용합니다.

우라늄

1789년 독일의 화학자 클라프로트가 발견했습니다. 천연으로 존재하는 가장 무거운 방사성 원소예요. 은백색을 띠며 14종의 동위원소가 있는데, 질량수 235는 중성자를 흡수해 핵분열을 일으켜요. 질량수 235와 233인 우라늄은 핵 원료로 사용합니다. 질량수 235인 우라늄의 함량을 높인 물질을 농축 우라늄이라고 해요. 원자기호는 U, 원자번호는 92입니다.

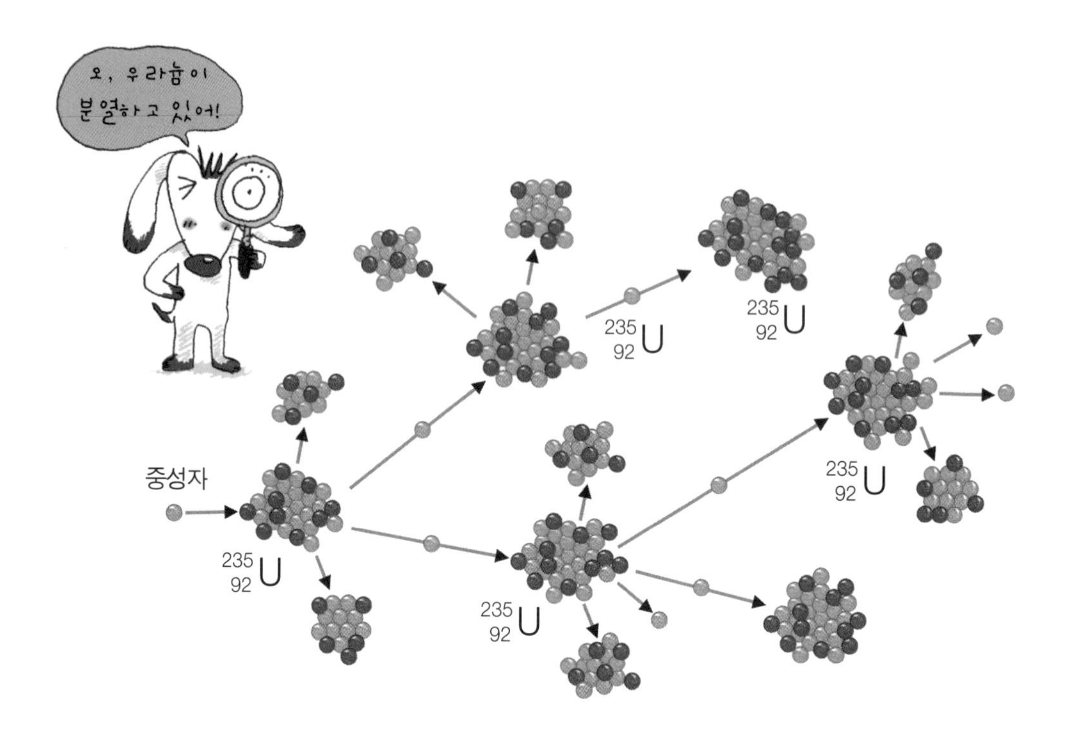

우라늄의 핵분열에 대해 살펴볼까요? 주기율표에서 우라늄은 92번으로 굉장히 큰 원자에 속합니다. 풍선에 물을 채워 놓으면 출렁거리듯이 원자핵이 커서 핵이 출렁이게 되지요. 또 풍선이 작은 충격에도 터지는 것처럼 우라늄 또한 쉽게 두 개의 핵으로 분열됩니다. 보통 우라늄이 분열하면 바륨과 크립톤 또는 크제논과 스트론튬이라는 원자핵으로 나뉘어요. 그리고 비교적 큰 두 개의 원자핵과 중성자도 튀어나옵니다.

여기에서 나온 중성자는 옆에 있는 다른 우라늄 원자를 건드리고, 건드려진 우라늄도 분열하게 됩니다. 이렇게 연속 반응이 일어나서 엄청나게 큰 반응이 일어나지요.

우라늄이 분열하면 우리는 무엇을 얻을까요? 바로 엄청나게 많은 에너지를 얻게 됩니다. 원자폭탄과 원자력발전소는 이 에너지를 이용하지요.

그러면 우라늄의 핵분열로 얻을 수 있는 에너지가 어느 정도인지 알아볼까요?

국제원자력기구의 발표에 따르면 우라늄 1kg은 5만 킬로와트시(kWh)의 전력을 생산할 수 있다고 해요. 5만 kWh의 전력은 일반 가정에서 20년간 사용할 수 있는 양입니다.

우라늄이 내는 에너지를 우리에게 친숙한 다른 연료와 비교해 볼까요? 우라늄 1g이 내는 에너지를 내려면 석탄이 3.2t 필요하고, 석유는 267*l* 필요해요.

이렇게 크게 차이 나는 양으로 같은 양의 에너지를 내다니 우라늄의 위력은 정말 대단하지요? 게다가 우라늄의 분열 반응이 일어나는 간격은 50조분의 1초밖에 되지 않습니다. 우리가 느끼기도 어려운 아주 짧은 시간 동안 엄청나게 많은 양의 에너지가 방출되는 거예요.

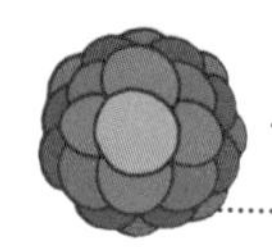

원자력발전소와 원자폭탄

원자력발전소는 우리가 앞에서 살펴본 우라늄의 핵분열을 이용한 발전소예요. 우라늄의 연쇄반응으로 나오는 에너지를 원자력이라고 정의하고, 이때 나오는 에너지를 사용해 전기를 발생시키는 방법을 원자력발전이라고 합니다.

하지만 핵분열을 그대로 계속 진행시키면 너무 많은 에너지가 발생되기 때문에 원자력발전소에는 감속재가 필요해요. 감속재란 원자로 안에서 핵

원자력발전소의 원자로. ⓒ Rama@the Wikimedia Commons

분열이 되는 속도를 감소시키는 물질이에요. 중성자의 속도를 감소시켜 반응이 천천히 일어나도록 하지요.

원자핵을 분열시켜 필요한 에너지를 뽑아내는 장치를 원자로라고 불러요. 뽑아낸 에너지로 물을 끓여서 증기를 발생시키고, 그 증기로 터빈을 돌리게 해서 정전기를 발생시킵니다. 화력발전도 이와 같은 방법이지만 석유나 석탄을 태워서 증기를 발생시키기 때문에 원자력발전에 비해 효율이 떨어지지요. 그렇다고 해서 원자력발전이 완벽한 것은 아니에요. 원자력발전은 방사성폐기물이 나온다는 큰 단점이 있습니다. 방사성폐기물은 우리 몸에 매우 안 좋은 영향을 미쳐요. 기형아 임신이나 암, 백혈병 등의 병을 일으킨다는 연구 결과가 계속 나오고 있지요. 그래서 방

방사성

물질이 가진 방사능의 성질입니다. 방사능이란 라듐, 우라늄, 토륨 등의 원자핵이 붕괴하면서 방사선을 방출하는 것을 말합니다. 천연으로 존재하는 천연방사능과 인공적으로 만들어진 인공방사능이 있습니다.

원자력발전소는 원자로를 식혀 줄 냉각수가 필요하기 때문에 물이 많은 지역에 건설해야 한다.

사성폐기물을 처리하는 데에 사회적으로 많은 갈등이 생길 수밖에 없어요. 방사성폐기물을 처리하기 위해서는 땅을 파서 콘크리트 벽 안에 묻어야 하는데 대부분의 사람들은 방사성폐기물이 자신이 사는 지역에 묻히지 않기를 원하기 때문이지요. 또 다른 문제는 바로 물이 많은 지역에 건설해야 한다는 점이에요. 원자력발전을 할 때에는 많은 열이 나오기 때문에 원자로를 식혀 줄 냉각수가 필요합니다.

우리나라는 총 20개의 원자력발전소를 운행하고 있어요. 세계 6위의 규모이지요. 우리나라는 총발전량의 40% 이상을 원자력발전을 통해서 얻고 있습니다. 선물이면서 동시에 숙제인 원자력은 우리가 앞으로도 잘 이끌어 가야 할 소중한 에너지입니다.

원자폭탄은 앞에서 배운 핵분열을 이용한 폭탄이에요. 핵분열이 일어날 때 많은 에너지가 나온다는 사실을 기억하고 있지요? 이 에너지를 이용해 만든 폭탄이 원자폭탄이에요. 물론 굉장히 위험한 무기입니다.

우라늄은 핵분열을 하는 원소예요. 하지만 아무 때나 핵분열을 하는 것이 아니라 일정한 질량 이상의 우라늄이 있어야 핵분열을 해요. 핵분열을 시작할 수 있는 최소한의 질량을 임계질량이라고 합니다. 임계질량 이상의 우라늄이 모여 있을 때 자극을 주면 그때부터 핵분열이 시작됩니다. 그래

제2차 세계 대전 당시 히로시마와 나가사키에 투하된 원자폭탄.

로버트 오펜하이머

Robert Oppenheimer,
1904~1967

미국의 이론 물리학자예요. 제2차 세계 대전 중에 원자폭탄 연구소장이 되어 여러 학자들과 함께 처음으로 원자폭탄을 만들었습니다. 1950년 수소폭탄을 만드는 일에 반대해 모든 공직에서 쫓겨난 것으로 유명하지요.

서 원자폭탄의 내부를 보면 두 군데로 나뉘어 우라늄이 들어가 있어요. 임계질량이 넘지 않게 두 부분으로 나누어 관리하면 두 부분이 합쳐지기 전까지는 폭발하는 일이 없겠지요. 이 상태를 유지하다가 폭탄을 터뜨릴 때는 두 덩어리가 합쳐질 수 있게 충격을 줍니다. 두 덩어리가 합쳐지는 순간 핵분열이 시작되어 엄청난 에너지가 뿜어져 나와 폭발하게 됩니다.

원자폭탄을 개발한 미국의 물리학자 오펜하이머.

처음에는 앞의 사진처럼 두 가지 형태로 폭탄을 만들었어요. 처음 만들었기 때문에 어떤 모양이 더 좋은지 몰랐기 때문이지요. 길쭉하게 생긴 원자폭탄의 위력이 더 강했습니다.

원자폭탄의 위험 때문에 오펜하이머라는 과학자는 원자폭탄을 만든 후 원자폭탄이 전쟁에 쓰이는 것에 반대했어요. 원자폭탄을 완성한 다음에 예비 실험을 했는데 엄청난 위력에 자신도 놀랐기 때문이에요.

하지만 결국 오펜하이머가 만든 폭탄이 제2차 세계 대전 중 일본에 투하되고 말았습니다. 이 사건으로 원자폭탄은 터질 때의 위력도 엄청나지만 터지고 난 후의 위험도 굉장하다는 사실을 알게 되었어요. 원자폭탄에서 방사선이 나오기 때문이지요. 오펜하이머는 자신이 그런 무시무시한 무기를 만들었다는 죄책감 때문에 깊은 슬픔에 빠졌다고 합니다.

원자폭탄에서 나오는 방사선이란 우라늄같이 매우 큰 원소들이 붕괴되면서 나오는 여러 가지 파동이나 입자를 말해요. 방사선에는 헬륨의 원자핵 같은 알파선, 밖으로 나온 전자를 말하는 베타선, 빛 같은 감마선 등이 있습니다. 방사선은 과학에서 여러 가지로 이용돼요. 아주 작은 입자를 관찰하거나 사람의 몸을 관찰할 때도 방사선을 이용하면 정밀하게 살펴볼 수 있어요. 하지만 방사선은 에너지가 매우 커서 사람 몸속의 DNA나 세포 구조를 망가뜨리기 때문에 사람에게 매우 안 좋은 영향을 끼치기도 합니다. 원자폭탄이 터지면 그곳의 모든 사람들이 방사선에 노출되고, 주변의 동식물까지 피해를 받아요. 많은 생명을 빼앗아 가는 동시에 오랜 기간 동안 악영향을 미치지요.

감마선

방사성 물질에서 나오는 방사선의 한 종류예요. 파장이 매우 짧고 물질을 투과하는 성질이 강한 전자기파로써 금속 안의 결함을 탐지하거나 암을 치료하는 데에 널리 쓰여요.

사람과 자연에 안 좋은 영향을 미치기 때문에 원자폭탄이 얼마만큼 대단한 위력이 있고, 얼마나 위험한 무기인지 우리 모두가 잘 이해하고 있어야 해요.

원자폭탄은 언제 사용되었을까요?

1945년 일본 나가사키에 떨어진 원자폭탄의 버섯구름은 상공 약 18㎞까지 솟아올랐다.

원자폭탄이 실전에서 사용된 경우는 제2차 세계 대전 때입니다. 미국이 일본에 두 개의 원자폭탄을 떨어뜨렸습니다. 인류 역사상 이것이 처음이자 마지막이었지요.

미국에서는 맨해튼 계획이라는 이름으로 핵무기 개발을 했어요. 그때 오펜하이머를 중심으로 여러 과학자가 모여서 원자폭탄을 개발하는 데 힘을 쏟았지요. 모두 처음 만들어 보았기 때문에 얼마나 위험하고 대단한 위력인지 몰랐답니다. 폭탄이 완성된 후 실험이 성공했고, 과학자들은 엄청난 위력에 모두 놀랐습니다. 그래서 모두 원자폭탄을 전쟁에 사용하는 데에 반대했습니다. 하지만 미국은 전쟁을 빨리 마무리하기 위해 1945년 8월 6일에는 일본 히로시마에, 8월 9일에는 일본 나가사키에 원자폭탄을 투하했어요. 결국 많은 사람이 죽고 말았지요. 일본은 지금까지도 원자폭탄으로 생긴 후유증을 겪고 있습니다.

일본은 제2차 세계 대전으로 여러 나라에 많은 피해를 주어서 비난받고 있지만, 미국 또한 두 번이나 원자폭탄을 사용한 일에 대해 비난받고 있습니다.

핵을 더해 주는 핵융합

핵분열이 핵을 분열시키는 것이라면 핵융합이란 핵을 융합시킨다는 뜻이에요. 핵융합은 핵분열과 반대로 원자가 작아야 일어날 수 있어요. 원자번호가 26번인 철보다 큰 원자에서 핵분열이 일어나면 에너지가 방출되어 그 에너지를 우리가 사용할 수 있지요. 반대로 원자번호가 26번보다 작은 원자들이 핵융합을 일으킬 때도 에너지가 방출되어 발생하는 에너지를 사용할 수 있습니다.

핵은 원자 안의 중심에 있어요. 또한 중성자와 양성자로 이루어져 있지요. 양성자는 (+)극을 띠기 때문에 핵도 (+)극의 성질을 가지고 있습니다. 여기에서 한 가지 궁금증이 생깁니다. (+)극와 (+)극은 같은 극이기 때문에 서로 밀어 내는 성질이 있지요. 하지만 핵융합은 핵들을 서로 붙인다는 뜻인데, (+)극을 띠고 있는 핵끼리 어떻게 융합시킬 수 있을까요?

이 말은 핵융합이 저절로 일어날 수는 없다는 뜻과 같아요. 실제로 핵융합은 절대로 스스로 일어날 수가 없습니다. 그래서 주변의 도움을 받아야만 하지요.

재미있게도 핵융합을 도와주는 힘은 핵분열로 만들어집니다. 핵분열이 한 번 일어나면 거기에서 나오는 에너지가 원자핵 두 개를 밀어서 핵융합이 일어나게 해 주지요. 그렇게 되면 핵융합으로 나오는 에너지로 반응이

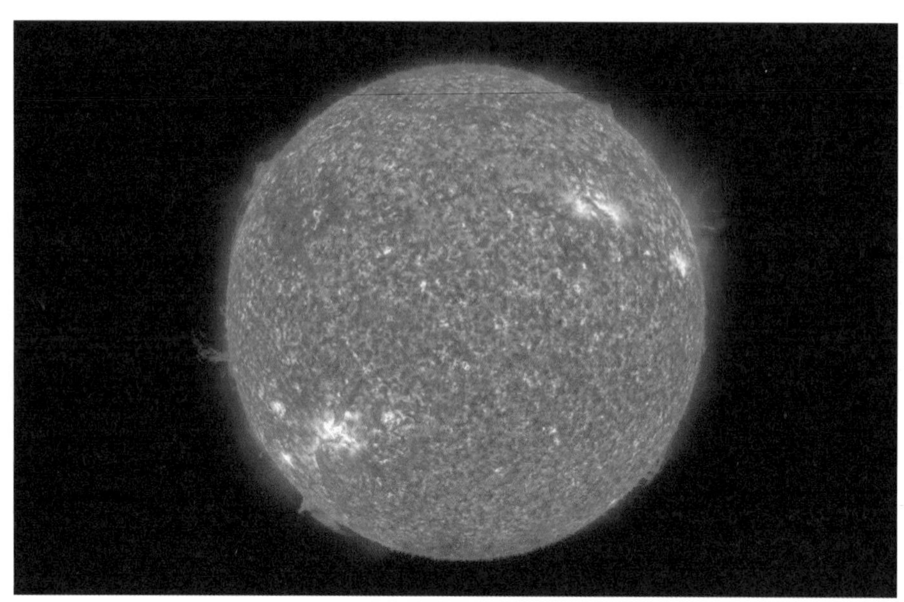

우리 눈에 보이지 않아도 태양은 끝없이 핵융합을 하고 있다.

연이어 일어나게 됩니다. 핵융합은 같은 양의 원자로 핵분열보다 훨씬 많은 에너지를 끌어낼 수 있어요. 따라서 핵분열이 도와주면 핵융합은 스스로 분열하면서 나오는 에너지로 계속 다음 핵을 붙여 주는 힘을 얻습니다.

핵융합은 우리 주변에서 계속 일어나고 있어요. 한 번도 본 적이 없다고요? 우리가 매일 보는 태양도 핵융합을 하고 있습니다.

태양은 엄청난 빛과 열을 우리에게 주고 있어요. 멀리 떨어진 곳에서 지구를 밝게 해 주고, 따뜻하게 데워 줄 만큼 에너지를 주고 있지요. 정말 어마어마한 양의 에너지를 뿜어내고 있는 거예요. 태양이 우리에게 보내는 에너지는 어떻게 만들어질까요? 태양 안의 수소가 핵융합을 하면서 에너지가 만들어집니다. 앞에서 우라늄을 예로 들어 핵분열을 설명했지요? 핵융합의 예로는 헬륨을 들어 볼게요. 수소 두 개가 뭉쳐 헬륨이 되는 반응이 대표적인 핵융합 반응이에요.

수소는 원자번호가 1번이고, 헬륨은 2번이에요. 1번 두 개가 합쳐지면 2번이 되겠지요? 태양에서는 수소 두 개가 결합하여 헬륨이 되는 반응이 계속해서 아주 많이 일어나고 있습니다.

태양같이 큰 별에서 일어나는 핵융합 반응에는 탄소, 질소, 산소라는 원자가 필요해요. 이 세 가지 원자가 수소 핵융합 반응에서 도우미 역할을 해주지요. 친구 두 명이 싸웠을 때 주변 친구들이 달래고, 대화할 수 있는 자리를 만들어 주어 두 친구를 화해시키는 것과 같아요. 수소 두 개가 합쳐질 수 있도록 탄소, 질소, 산소가 자리를 만들어 준다고 생각하면 돼요.

태양 안에 있는 수소들이 계속 핵융합을 해서 헬륨으로 변하면 언젠가는 태양 안의 수소들이 사라지겠지요? 태양의 수소는 50억 년쯤 뒤에는 다 없어진다고 전망되고 있어요. 모두 헬륨으로 바뀌는 거지요. 태양의 수명이 50억 년 남았다는 말은 여기에서 나왔습니다.

그런데 한 가지 궁금한 점이 생겨요. 핵분열로 원자폭탄 같은 무기를 만

러시아에서 실험용으로 만든 차르 봄바 수소폭탄의 모형.

들었다면 핵융합으로도 만들 수 있을까요? 사실 이미 러시아에서 1961년 프로젝트를 시작해 '차르 봄바'라는 수소폭탄을 만들었어요. 실전용이 아닌 실험용으로 다른 나라에 보여 주기 위해 만들었지요.

폭탄의 크기는 매우 커요. 무게는 27t, 길이는 8m, 지름이 2m입니다. 너무 커서 폭격기에 장착할 수가 없어 잠깐 동안만 매달아서 실험하는 곳까지 이동했어요.

수소폭탄의 위력은 놀라웠어요. 폭격기까지 위험해질 수 있을 만큼 강했기 때문에 폭탄에 낙하산을 달아 천천히 떨어지게 했습니다. 폭격기가 안전한 지역까지 돌아올 시간을 벌기 위해서였지요.

수소폭탄은 히로시마에 떨어졌던 원자폭탄보다 폭발력이 3,800배 큽니다. 100㎞ 밖의 사람이 3도 화상을 입을 정도라고 하니 상상을 초월하는 무시무시한 무기이지요.

미국의 수소폭탄 실험으로 생긴 버섯구름.

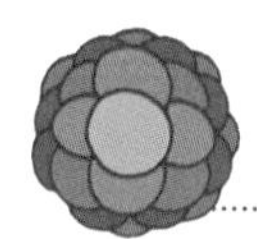

핵분열과 핵융합의 차이

핵분열에서 나오는 에너지는 우리 생활에서 원자력발전소를 통해 전기로 이용되고 있어요. 그렇다면 핵융합도 이용되고 있을까요? 핵융합은 핵분열을 이용한 발전소보다 네 배 많은 에너지를 만들 수 있습니다.

핵분열보다 좋은 점이 더 있어요. 우선 핵분열을 할 때는 우라늄이라는 원소가 필요한데, 우라늄은 석유나 석탄처럼 지구에서 얻을 수 있는 양이 한정되어 있어서 계속 쓰다 보면 언젠가는 사라질 수밖에 없습니다. 하지

한국형 초전도 토카막 연구 장치, 케이스타(KSTAR). ⓒ Michel Maccagnan@the Wikimedia Commons

만 핵융합 발전에는 중수소가 쓰여요. 수소는 양성자 하나, 전자 하나로 이루어져 있어요. 그리고 앞에서 이야기했듯 중수소는 핵에 중성자 하나가 더 들어가 있어서 수소보다 조금 무거운 수소입니다. 이 중수소는 바닷물에서 얼마든지 가져올 수 있습니다. 언젠가 고갈될 우라늄을 사용하는 핵분열과는 달리 핵융합은 무한히 발전할 수 있지요.

핵융합의 장점은 이뿐만이 아닙니다. 원자력발전소에서 핵분열을 하고 나면 방사성폐기물이 생기기 때문에 처리 문제로 골머리를 앓습니다. 폐기물을 처리할 장소를 결정하는 일이 쉽지 않기 때문이지요. 하지만 수소 핵융합 발전은 이런 유해 물질이 나오지 않습니다.

이런 장점에도 불구하고 핵융합 발전은 아직 이용하지 못하고 있어요. 핵융합 발전에 필요한 기계 개발에는 성공했지만, 핵융합 발전을 할 수 있을 만큼의 단계에 이르지 못했기 때문이에요. 핵융합은 핵분열보다 훨씬 큰 에너지를 발생시켜요. 그래서 이때 생기는 엄청난 열을 식혀 줄 장치가 반드시 필요하지요. 하지만 이러한 장치가 아직 완벽하게 개발되지 못했습니다. 우리나라와 미국, 일본, 중국, 러시아 등의 나라들은 공동으로 이 방법을 연구하고 있어요. 특히 우리나라는 국가핵융합연구소를 건설해 개별적인 연구도 하고 있지요. 국가핵융합연구소는 2007년 고온의 수소 핵을 가둬두는 장치인 케이스타(KSTAR) 개발에 성공한 뒤, 장시간 기계를 작동시킬 수 있는 기술력을 키우고 있어요. 핵융합 발전이 실현된다면 아마도 우리 생활에 많은 변화가 생길 거예요.

토카막

핵융합이 이루어지기 위해서는 고온의 수소 핵을 가둬 둘 수 있는 장치가 필요해요. 이 용도로 가장 널리 사용되는 장치가 바로 토카막입니다. 토카막은 도넛 모양과 비슷하게 생겼어요.

토카막 주변에 강한 자기장을 걸어 주면 고온의 수소 핵들이 극을 띠는 상태가 됩니다. 이 상태를 플라스마라고 해요. 플라스마 상태에서는 고온의 수소 핵들은 장비에 닿지 않고도 중간에 떠 있을 수 있어요. 아직 완전히 개발되지 않아 실제로 사용할 수는 없지만 여러 가지 방법 중에서 실현될 확률이 가장 높은 방법으로 평가받고 있습니다.

2008년 첫 플라스마를 켜서 가능성을 보였던 한국형 초전도 토카막 케이스타(KSTAR)의 내부. ⓒ 국가핵융합연구소

문제 1 원자핵이 분열하면 어떤 변화가 생기나요?

문제 2 원자번호가 92번인 우라늄이 핵분열을 하면 우리는 무엇을 얻을 수 있나요?

3. 핵융합이란 말 그대로 핵을 융합시킨다는 뜻이에요. 핵분열과 반대로 작은 원자에서 일어나요. 원자번호가 26번인 철보다 작은 원자들은 핵융합이 일어났을 때 에너지를 방출합니다. 같은 양의 원자로 핵분열보다 훨씬 많은 에너지를 끌어낼 수 있어요. 핵분열을 이용한 원자폭탄처럼 핵융합을 이용한 무기도 있어요. 바로 수소폭탄이지요. 수소폭탄은 원자폭탄보다 무서운 위력을 지닌 무시무시한 무기예요.

문제 3 핵융합이란 무엇인가요?

정답

1. 첫째, 핵이 분열하면 다른 원소가 생겨요. 예를 들어, 헬륨의 핵이 두 개로 쪼개지면 중성자 하나에 양성자 하나인 핵이 두 개 생기지요. 이 원소를 중수소라고 하는데, 헬륨이 새로운 원소로 바뀐 거예요. 둘째, 핵분열을 하면 원자가 에너지를 방출하거나 흡수해요. 26번인 철보다 작은 원자번호의 원자들이 분열하면 흡수하고, 92번인 우라늄 같은 원자가 분열하면 엄청나게 큰 에너지를 방출하지요.

2. 우라늄이 분열하면 많은 에너지를 얻게 됩니다. 우라늄이 분열할 때 내는 에너지를 이용하는 방법이 원자력발전이에요. 우라늄 1㎏은 5만 kWh의 전력을 생산할 수 있어요. 5만 kWh의 전력은 일반 가정에서 20년간 사용할 수 있는 양이지요.